073ww Abb. mz

REISE KNOW-HOW im Internet

Martin Zimmer
Wohnwagen Handbuch

Das Glück liegt auf der Wiese.
Französisches Sprichwort

Impressum

Wir freuen uns über Kritik, Kommentare und Verbesserungsvorschläge an: info@ reise-know-how.de.

Martin Zimmer
Wohnwagen Handbuch
erschienen im
REISE KNOW-HOW Verlag Peter Rump GmbH, Bielefeld
Osnabrücker Straße 79, 33649 Bielefeld

Herausgeber: Klaus Werner

© Peter Rump 2008
2., neu bearbeitete, aktualisierte Auflage 2011
Alle Rechte vorbehalten.

Gestaltung
Umschlag: G. Pawlak, P. Rump (Layout), K. Werner (Realisierung)
Inhalt: G. Pawlak (Layout), K. Werner (Realisierung)
Fotos: siehe Bildnachweis S. 159

Druck und Bindung
Himmer AG, Augsburg

ISBN 978-3-8317-1599-2
Printed in Germany

Dieses Buch ist erhältlich in jeder Buchhandlung Deutschlands, Österreichs, der Schweiz, Belgiens und der Niederlande. Bitte informieren Sie Ihren Buchhändler über folgende Bezugsadressen:

Deutschland
Prolit GmbH, Postfach 9, D–35461 Fernwald (Annerod)
sowie alle Barsortimente
Schweiz
AVA-buch 2000, Postfach 27, CH–8910 Affoltern
Österreich
Mohr Morawa Buchvertrieb GmbH
Sulzengasse 2, A–1230 Wien
Niederlande, Belgien
Willems Adventure
www.willemsadventure.nl

Wer im Buchhandel trotzdem kein Glück hat, bekommt unsere Bücher auch in unserem **Büchershop im Internet: www.reise-know-how.de**

Martin Zimmer

Wohnwagen Handbuch

Inhalt

07 3ww Abb.: mz

Vorwort

Das Auto ist jene technische Errungenschaft, die Freiheit und Unabhängigkeit verkörpert. Allerdings kann man im Auto allein nicht übernachten oder leben – zumindest unter keinen auch nur ansatzweise angenehmen Bedingungen. Diese weiteren Funktionen bieten erst Wohnmobil und Wohnwagen.

Vielen ist gar nicht bewusst, dass sie mit der Anschaffung eines Wohnwagens auf einmal drei Fahrzeuge vor der Haustüre stehen haben: das Auto, den Wohnwagen und das Gespann. Im Urlaub oder auf Reisen kann man diese drei Fahrzeuge sehr vielfältig nutzen. Der Wohnwagen ist im Urlaub der feste Wohnsitz, das eigene kleine Ferienhaus, das Auto wiederum dient davon unabhängig als Fahrzeug für Ausflüge und Einkäufe und auf der Reise schließlich ist das Gespann Ruhestätte und mobiles Hotel zugleich. Aufgrund dieser Modularität ist man viel flexibler als mit einem Wohnmobil.

Freilich, der Dauercamper reduziert die mögliche Fahrzeuganzahl auf zwei Fahrzeuge, das Gespann gibt es für ihn nicht mehr. Der Reisecamper dagegen nutzt überwiegend das Gespann, denn für ihn lohnt es sich oft nicht, die Fahrzeuge zu trennen. Der variable Nutzer, der eine längere Anreise mit einem Campingplatzaufenthalt kombiniert, der eine Wochenendstädtetour plant, der mit Kindern einen abwechslungsreichen Urlaub mit festen Zielen unternimmt, nutzt hingegen alle Fahrzeuge.

Dieser PRAXIS-Führer soll Ihnen dabei helfen, alle drei Fahrzeuge sinnvoll auszuwählen und zu nutzen. Die Scheu vor dem Gespann mit seinem zusätzlichen Gelenk, dem zu Unrecht gefürchteten fahrdynamischen Eigenleben, der großen Gesamtlänge und oftmals auch Breite will ich Ihnen mit diesem Buch nehmen. Die Angst vor dem Ankuppeln, Rückwärtsfahren, Parken oder Rangieren sollte heute zudem geringer sein denn je, denn eine Vielzahl von technischen Helfern erleichtert das sichere Fahren eines Gespanns. Seitdem es beispielsweise elektrische Rangierhilfen gibt, wechseln auch ältere Personen mittlerweile vom Wohnmobil zum Wohnwagen. Mithilfe eines solchen elektrischen Hilfsantriebs kann der Wohnwagen ohne Auto heute ferngesteuert, ohne Muskelkraft und somit kinderleicht an jede geeignete Stelle manövriert werden.

Bevor man sich einen Wohnwagen zulegt, sollte man sich im Klaren darüber sein, dass das Campen mit Wohnwagen eine Urlaubsform ist, die man entweder liebt oder mit der man vermutlich niemals glücklich wird. Im ersten Kapitel werde ich Ihnen deshalb Fragen stellen, damit Sie sich Ihrer Vorlieben und Interessen bezüglich der Urlaubsgestaltung bewusst werden. Der Wohnwagenurlauber ist im Allgemeinen mit seiner Urlaubsform viel tiefer verbunden als der Pauschaltourist. Er muss im Urlaub vieles organisieren und selber Hand anlegen. Auch nach dem Urlaub ist es mit dem Auspacken der Koffer nicht getan. Der Wohnwagen muss geputzt, vielleicht sogar noch repariert und abgestellt werden. Entlohnt wird man dafür mit Unabhängigkeit, Naturnähe, bester Familientauglichkeit und viel Komfort – heute allerdings nur noch in Ausnahmefällen mit geringen Urlaubskosten.

Mit einem Wohnwagen ist man moderner Nomade. Sie können sich die schönsten Flecken unserer Erde für eine gewisse Zeitspanne zu Ihrer zweiten Heimat machen. Sie haben jederzeit ein mobiles Häuschen im Grünen, ohne die Natur dauerhaft zu belasten. Kurz gesagt: Die Idee des Wohnwagens ist zeitgemäßer denn je.

Mit Ihrem Wohnwagen wünsche ich Ihnen viel Freude, eindrucksvolle Reisen und gute Erholung!

Martin Zimmer

Wege zum Wohnwagen

Sind Sie ein Camper?

Camping
Unter Camping versteht man eine Form des Tourismus. Der Camper übernachtet in Wohnwagen (Caravan), Wohnmobilen (Reisemobilen) oder in Zelten.

Die Antwort auf diese Frage ist sehr wichtig, wenn Sie mit einem Wohnwagen glücklich werden wollen. Beim ↗Camping verlassen wir unsere festen Behausungen, Wohnungen und Häuser und ersetzen sie durch eine **fahrbare Unterkunft.** Wenn Ihnen diese Urlaubsform zusagt, werden Sie bestimmt viel Freude damit erleben – wenn nicht, sollten Sie auf andere Art und Weise Erholung suchen.

Sprechen Sie das Thema Camping unbedingt auch vorab mit Ihrem Partner und gegebenenfalls mit Ihren Kindern durch. Die richtige Erfüllung ist diese Urlaubsform erst dann, wenn **alle Beteiligten davon überzeugt** sind. Zur differenzierteren Betrachtung hilft es, verschiedene Aspekte des Campings näher kennenzulernen. Was darf der Camper im Speziellen in seinem Urlaub erwarten?

Naturverbundenheit

Mit einem Wohnwagen steht man normalerweise direkter am Strand, näher am See oder tiefer im Wald, als dies in einem Hotel möglich ist. Der Blick aus der Wohnwagentür hat einen höheren Grünanteil (im Winter Weißanteil) als jeder andere Haustürblick. Mit dem Überschreiten der Türschwelle steht man **unmittelbar im Grünen** und ist oft nur wenige Meter von der nächsten Bademöglichkeit, der Joggingrunde, dem Wanderweg oder der Langlaufloipe entfernt.

Der morgendliche und abendliche Toilettengang führt über Rasen und Wege unter Bäumen und Sternenhimmel zum Waschraum. Sobald es das Wetter einigermaßen zulässt, nimmt man seine Mahlzeiten draußen ein. Die ersten Sonnenstrahlen, Licht und Wolken, aufkommenden Wind oder Regen und natürlich auch den Sonnenuntergang bekommt man viel direkter und elementarer mit als in einem Haus mit vielen Zimmern und dicken Mauern.

Trotzdem muss man nicht wie im Zelt auf dem Boden schlafen, auf einen gewissen **Komfort** braucht man nicht zu verzichten. Bei Kälte lässt sich der Wohnwagen genauso gut und bequem temperieren wie das Wohnzimmer daheim. Und was gibt es Gemütlicheres, als an einem verregneten Vormittag nach dem Frühstück wieder ins warme Bett zu gehen und den Regentropfen dabei zu lauschen, wie sie aufs Dach und die Fenster klopfen?

Der Nestbauer und sein Spielzeug

Der eigene Wohnwagen ist für viele Besitzer heimelige Kuschelkiste und geborgene Zufluchtsstätte. Dieses Nest wird mehr oder weniger regelmäßig und umfangreich verschönert oder ausgebaut. Je nach Vorlieben, Zeit und Interesse ist der Wohnwagenbesitzer mehr Nestbauer oder mehr Entwickler. Für den **Typus des Nestbauers** bedarf es meist nur kleinerer Verbesserungen, die den Wohnwagen-

▲ *Sauwetter,
im Wohnwagen
saugemütlich*

13

alltag leichter oder komfortabler machen, wie Schönheitsverbesserungen oder kleinere individuelle Anpassungen.

Der engagierte **Hobby-Entwickler** rüstet daneben auch technische Geräte und Neuerungen nach, die seinen bevorzugten Campingstil manchmal überhaupt erst möglich machen, zum Beispiel Solaranlagen. Für ihn ist der Wohnwagen auch ein großes **technisches Spielzeug,** an dem er auch mit geringen handwerklichen Kenntnissen vieles verändern kann. Je nach Belieben kann man so das Verhältnis von Urlaubs- zu Bastelzeit fast beliebig variieren. Das schöne Gefühl, in seinen eigenen, selbst eingerichteten vier Wänden zu wohnen, ist beim Wohnwagenbesitzer auch im Urlaub möglich.

Nomadendasein

Caravan
Synonym für Wohnwagen, der Begriff stammt aus dem Englischen.

Mit dem ↗Caravan wohnt man dort, wo es einem gefällt. Ein hübsches Plätzchen findet sich fast immer und es gibt auch heute noch unzählig viele davon. Wenn man an einem Ort „alles" gesehen hat, dann **fährt man einfach weiter.** Langeweile stellt sich auf diese Weise nicht ein.

009ww Abb.: mz

▶ *Einfacher Stellplatz am See*

Günstig lässt sich mit dem Wohnwagen auch die ungemütliche Novemberzeit oder der ganze **Winter überbrücken.** Einige Camper verbringen die Wintermonate auf einem Campingplatz im warmen Mittelmeerraum. Wie die Nomaden kann man seinen Wohnort so den klimatischen Umständen anpassen. Bis hinunter nach Westafrika gibt es schöne Plätze zum Überwintern – mit deutschsprachigen Nachbarn. Ein Wohnwagen kann auch bei einem Arbeitsplatzwechsel eine vorübergehende kostengünstige Unterkunftsmöglichkeit sein.

Nomaden

Nomaden (griech. nomás = Weideplatz) sind Menschen, die ein nicht sesshaftes Lebenskonzept wählen. Früher waren es hauptsächlich Nahrungsgründe, die ein sesshaftes Leben verhinderten, heute sind es zunehmend berufliche Gründe oder Gründe des Lebensstils.
Noch heute leben in Deutschland Schausteller, Zirkusfamilien und bestimmte Volksgruppen wie die Sinti und Roma eine traditionell nomadische Lebensweise. Dazu gesellen sich Führungskräfte oder Spezialisten, von denen ein nomadenhafter Lebensstil eingefordert wird, d. h. weltweit mobil und flexibel zu arbeiten und zu leben. Das muss nicht zwangsläufig mit einem häufigen Wohnungswechsel verbunden sein, schon eine berufliche Tätigkeit mit 50 % Reisetätigkeit zeigt nomadische Züge. Im Unterschied dazu ziehen Globetrotter mehrere Monate oder Jahre durch die Welt und führen aufgrund von Fernweh oder Reisebegeisterung ein nomadenhaftes Leben.
Camping nimmt indessen als Freizeit-Nomadentum eine Sonderform ein, denn Camper sind Kurzzeit-Nomaden. Der feste Wohnsitz daheim ist stabile Basis und Alltag, der Wohnwagen stillt Fernweh und Reiselust.

Freiheit und Unabhängigkeit

Die einsame Berghütte oder das Wochenendhaus direkt am See kann sich heute kaum jemand leisten und ist auch in Mitteleuropa nur noch selten verfügbar. Aber der temporäre Stellplatz direkt an einem Alpensee ist für fast jeden erschwinglich. Dies verspricht zwar keine grenzenlose Freiheit, aber ist diese **Freiheit mit Grenzen** nicht weit wertvoller als die Pool- und Liegestuhlbenutzung einer Hotelanlage in einer Tourismus-Hochburg?

Zumindest aus einem oder zwei der Wohnwagenfenster hat man einen Ausblick, der dem einer einsamen Hütte in nichts nachstehen muss. Und wenn die Lust auf Berge irgendwann abflaut, dann kann man schon am nächsten Abend am Meer übernachten. Diese Freiheit kann man sich auch sehr kurzfristig nehmen, beispielsweise wenn die Wettervorhersage daheim anhaltend schlechtes Wetter ankündigt.

▼ *Sitzgruppe mit Blick auf einen Bergsee in der Schweiz*

010ww Abb.: mz

Quartiersorgen ade

Ich bewundere Leute, die ein Land bereisen und sich jeden Abend eine neue Unterkunft suchen. Jeden Abend die **Ungewissheit,** wo man landet, wie die Leute einen aufnehmen, wie das Zimmer, wie die Betten aussehen, was es kostet und in welchem Zeitfenster das Frühstück serviert wird. Jeden Abend Koffer schleppen und auspacken, morgens dann alles retour und hoffentlich nichts liegenlassen. Zugegeben, daraus können sich sicherlich nette Anekdoten oder auch schöne Urlaubskontakte ergeben, aber für mich bedeutete dies, insbesondere als Familienvater, den Urlaubsstress schlechthin.

Vergleich Hotel- und Wohnwagenurlaub in Norwegen
Erkenntnisse zweier Reisen durch Norwegen, einmal durchgeführt im Wohnwagen, das andere Mal erlebt als Urlaub mit Hotelübernachtung:
- *Hotelurlaub:* Kein Wahrnehmen der Abendstimmung und des Sternenhimmels, da man um diese Zeit fast immer im Hotelzimmer war. Der komplette Spätnachmittag und der Abend fielen jeweils der Suche und Einrichtung der Hotelunterkunft zum Opfer. Die tägliche Reiseroute endete meist in stärker besiedelten Gebieten mit Hotel. Der Tagesablauf war fast immer derselbe.
- *Camping:* Der Tag wurde mit all seinen unterschiedlichen Tageszeiten genutzt und gelebt. Oft wurden nachts noch einige Kilometer gefahren, um die Tagesfahrzeit zu reduzieren. Die morgendlichen Startzeiten variierten von 6 Uhr bis 14 Uhr. Die Landschaft, der eigene Lebensrhythmus und die gerade aktuellen Interessen bestimmten den Tagesablauf. Als Schlafplätze dienten meist sehr ruhige, naturnahe Plätze fern der Zivilisation.

vru Abb. mz

▲ *Gespann in norwegischer Berglandschaft*

Als Wohnwagenfahrer packt man im Unterschied dazu nur einmal zu Beginn der Reise seine Sachen in den Wohnwagen. Man bezieht sozusagen sein **persönliches Hotelzimmer** zu Hause und verlässt es erst wieder am Ende des Urlaubs. Dieses Zimmer steht dann zu jeder Zeit und an jedem Punkt der Reise zur Verfügung. Die Anreise kann in den Urlaub mit einbezogen werden und wenn man nachmittags ein schönes Plätzchen findet, zwingt einen niemand zur Weiterfahrt, um abends noch eine Unterkunft zu bekommen, sondern man bleibt dort über Nacht.

Praktische Dufflebags

Große, leichte und dabei stabile Packtaschen ohne Inhaltsunterteilung, sogenannte Dufflebags, sind sehr geeignet, um die benötigten Sachen vom Haus zum Wohnwagen zu transportieren. Sie nehmen vom Kühlschrankinhalt bis zum Stofftier und von den Schuhen bis zum Fotoapparat alles auf. Im Wohnwagen wandert ihr Inhalt dann in die Staufächer. Die Taschen nehmen leer kaum Platz ein – und sind für den unverhofften Trip nach Hause ohne Wohnwagen ideale Notreisetaschen.

Das einfache Leben

Wer im Urlaub **Abstand vom technisierten, schnelllebigen Alltag** nehmen möchte, kann das besonders gut mit einem einfachen Wohnwagen. Der bewusste Verzicht auf technischen Schnickschnack und Komfort lässt sich sehr gut mit einem alten Wohnwagen oder einem einfachen Einsteigermodell erfüllen. Fehlende multimediale Ausrüstung führt dann ganz automatisch zu „klassischen" Aktivitäten wie Lesen, Diskutieren oder Spielen von Gesellschaftsspielen. Auch verschieben sich die Zubettgehzeiten wieder natürlich nach vorne, wenn Fernseher, DVD-Player, Spielkonsole und Internet fehlen.

Wider den Pauschaltourismus

Wollen Sie Ihren Urlaub nicht mehr zehn Monate im Voraus buchen? Haben Sie genug vom schlechten Hotelservice in der Hauptreisezeit? Wollen Sie nicht mehr morgens vom Klopfen der Putzmannschaft geweckt werden? Können Sie auf die strikten Vorgaben von Frühstücks- und Abendbrotzeiten gerne verzichten? Wollen Sie nicht mehr wie Massenware am Flughafen abgefertigt werden? Wenn

◄ *Zeit für*
intensives Spielen

Wege zum Wohnwagen

Sie sich diese Fragen schon einmal gestellt haben, dann sollten Sie sich intensiver mit dem Thema Camping befassen.

Arbeiten im Urlaub

So ein fahrbares Eigenheim hat im Gegensatz zum Haus keine festen Ver- und Entsorgungsleitungen. Es erfordert daher **stetiges Auffüllen der Vorräte und Entsorgen der Abfälle.** Ein ständig wiederkehrendes Ritual ist das Anschaffen von Getränken, Lebensmitteln und Wasser und das Entsorgen von Müll und Abwasser. Als Reisecamper entwickelt man schnell den geübten Blick, wo ein Wasserhahn mit sauberem Trinkwasser sein könnte, um den Frischwassertank aufzufüllen. Macht es Ihnen etwas aus, eine Toilettenkassette zu entleeren?

Ein fahrbares Eigenheim erfordert **Unterhalt und Wartung.** Die Technik ist zwar mittlerweile gut und zuverlässig, allerdings muss auch heute hier und da schon mal etwas geklebt, geschraubt, repariert oder ausgetauscht werden.

▶ *Der Wasserverbrauch richtet sich nach der Verfügbarkeit*

Zudem bleibt der normale **Haushalt** beim Campingurlaub nicht einfach daheim: Kochen, Putzen, Bettenmachen – alles wie zu Hause? Nur fast, denn im Urlaub macht all das irgendwie mehr Spaß. Gerade das Kochen in freier Natur ist mit dem Kochen in der heimischen Küche in keiner Weise zu vergleichen. Aber selbstverständlich muss man nicht jeden Tag kochen.

Gerade beim Thema Essen stehen dem Camper alle Varianten offen: Vom Besuch der örtlichen Pizzeria über das schnelle Fast-Food-Gericht (gekauft oder selber gemacht) bis hin zum großen Grillabend mit Freunden ist alles möglich.

Konflikte und Harmonie

Auf 7 bis 17 Quadratmeter Wohnfläche (ohne Vorzelt) mit vier oder fünf Personen zu leben – das ist eine erstklassige Voraussetzung für Familienstreit, denn man kann möglichen **Konflikten** nicht einfach aus dem Weg gehen. Der Schwierigkeiten ignorierende Rückzug ins eigene Zimmer, vor den Fernseher oder hinter den Computer ist im Wohnwagen nicht möglich. Die Probleme und Meinungsverschiedenheiten müssen angesprochen und irgendwie gelöst werden.

So sind die ersten Urlaubstage erfahrungsgemäß auch oftmals von Konflikten und Aussprachen geprägt, danach findet das Paar oder die Familie im Normalfall sehr gut zusammen und verbringt den Urlaub auf harmonische Weise. Die **Kinder** finden auf Campingplätzen zudem leicht Anschluss zu Gleichaltrigen und der Campingplatz ist für sie ein großer, sicherer Abenteuerspielplatz. Schnell entwickeln sie eine Selbstständigkeit, die auch den **Eltern** notwendige Freiräume verschafft, was wiederum eine Grundvoraussetzung für die Erholung aller Beteiligten ist.

Wege zum Wohnwagen

Geselligkeit

Es gibt Wohnwagen-Menschen, die sich am liebsten in die hinterste Ecke des Campingplatzes stellen und ihre Ruhe haben möchten. Andere hingegen bevorzugen den Rummel direkt am Eingang und suchen den Kontakt zu anderen Campern. Camper sind also nicht mehr oder weniger gesellig als andere Urlauber auch, aber die **gewünschte Geselligkeit** kann man beim Campen sehr gut **selbst bestimmen.** Dadurch, dass man nicht Tür an Tür wohnt und nicht zwangsläufig am gleichen Tisch speist, hat man eine natürliche Distanz und bewahrt sich eine **Rückzugsmöglichkeit.** Vielleicht macht das die geselligen Abende in großer Camper-Runde so leicht und entspannt. Denn jeder geht danach wieder in sein eigenes kleines Reich. Kurz gesagt, es ist die ungezwungene Atmosphäre unter den Campern und auf den Campingplätzen, die viele Wohnwagenurlauber so schätzen.

▲ *Gewitter-stimmung auf Rügen*

Verzicht auf Fernreisen

Es imponiert Freunden, Arbeitskollegen oder Verwandten, wenn man einen Badeurlaub auf Martinique oder einen Bildungsurlaub in China verbracht hat. Dagegen sind Postkarten aus Dänemark oder Südtirol geradezu langweilig. Der Aktionskreis des Wohnwagengespanns ist zwar schon größer, aber durch das **Fünfeck Nordkap–Reykjavik–Gibraltar–Kreta–Moskau** letztendlich begrenzt – und das ist alles „nur" Europa.

Allerdings bietet dieses Fünfeck **genug spannende und vielfältige Urlaubsorte** für das ganze Leben, ohne auch nur einen doppelt anfahren zu müssen. Und wenn es einen doch in die weite Ferne zieht: Andere Kontinente wie Nordamerika, Australien oder Neuseeland können sehr gut mit einem **gemieteten Wohnmobil** erkundet werden. Mietwohnwagen gibt es dort nur sehr vereinzelt und machen für den Flugreisenden auch wenig Sinn, da zusätzlich ein Auto angemietet werden müsste.

▼ *Gemeinsames Abendessen mit Familie und Freunden*

Komfort

Ein moderner, gut ausgestatteter Wohnwagen bietet heute den **Komfort eines gehobenen Hotelzimmers.** Die Betten sind aufwendig gebaut, moderne Medien wie Fernsehen und Internet haben längst auch im Wohnwagen Einzug gehalten. Heizung und Klimatisierung funktionieren sogar oft besser als in Hotelzimmern. Bad und Toilette sind bei sparsamem Wasserverbrauch genauso funktionell. Ein Kühlschrank, sogar eine ganze Küche und eine Sitzecke stehen ebenfalls zur Verfügung.

Und das Beste: Alles ist exklusive für einen selbst reserviert, kein Gast hat wenige Stunden zuvor im selben Bett geschlafen, sich auf demselben Sessel gelümmelt. Auf Boden und Teppich kann man unbedenklich barfuß gehen. Wer also meint, Camping bedeutet zwangsläufig Verzicht, Einschränkung oder Askese, der hat noch nie mit einem modernen Fahrzeug Urlaub gemacht. Camping kann auch als

▲ Luxuriöse, gediegene Wohnwageninnenausstattung

**Fortsetzung der häuslichen Zustände an frem-
den Orten** verstanden werden – muss aber nicht.

Wer die mobile Urlaubsform liebt, anspruchsvoll und nicht unvermögend ist, beides auch gerne zeigt, ist mit teuren Wohnmobilen gut beraten. Diese stehen in Luxus, Exklusivität und auch Preis einem exklusiven Hotelurlaub oder einer Kreuzfahrt in nichts nach.

Wege zum Wohnwagen

Mobil oder immobil?

Will ich beim Campen immer wieder etwas Neues sehen oder bevorzuge ich eine vertraute Umgebung? Das eine bedeutet mehr Abwechslung, aber auch zwangsläufig mehr Organisationsarbeit, das andere hingegen bedeutet Wiederholung mit starkem Erholungsaspekt. Beides ist möglich. Will man hingegen reine Erholung mit zeitweiliger Abwechselung kombinieren, dann ist man beim Pauschalurlaub angelangt, der auch seine Berechtigung hat.

Reisecamper

Der Reisecamper bleibt kaum länger als drei Tage am selben Ort. In diesen Tagen hat er meist das Wichtigste gesehen und erlebt, dem Erholungsaspekt werden einzelne Stunden, aber keine ganzen Tage eingeräumt. Wichtig ist, dass **Auf- und Abbau unkompliziert vonstattengehen.**

Diese Urlaubsform bevorzugen viele Wohnmobilisten, aber man kann sie genauso gut mit einem

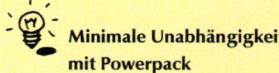

Minimale Unabhängigkeit mit Powerpack
Powerpacks sind Kombinationen aus 12-Volt-Akku und Ladegerät und werden als mobile Starthilfe für Autos angeboten. Deren Spannungsausgang muss man nur in eine freie 12-Volt-Wohnwagen-Steckdose einstecken und schon funktionieren alle 12-Volt-Verbraucher (Umbau der Krokodilklemmen in einen 12-Volt-Stecker). Die Kapazität beträgt 10–20 Ah, was für die Wasserpumpe und einige Stunden Licht reicht. Aufladen kann man den Akku während der Fahrt über das Auto oder an einer 220-Volt-Steckdose.

geeigneten Wohnwagengespann durchführen. Der Reisecamper benötigt einen Wohnwagen, der auch einige Tage auf Strom- und Wasserversorgung sowie Abwasserentsorgung eines Campingplatzes verzichten kann. Bei der Größe des Wohnwagens gilt hier mehr als anderswo der Grundsatz: **So groß wie nötig, so klein wie möglich.**

Dauercamper

Auf die Dauercamper hagelt es regelmäßig **Spott.** Der Inbegriff des Dauercampers ist der grillende Rentner mit Bierflasche im Unterhemd, der in seiner Parzelle mit Gartenzwergen auf eintönige Weise seine Freizeit in immer gleicher Manier verbringt. Ich persönlich habe so einen Camper noch nie kennengelernt.

▲ *Dauercamping mit Überdach, Vorzelt und Gerätezelt auf Rømø in Dänemark*

Die Dauercamper und ihre Motivation sind so unterschiedlich wie der Camper oder der Mensch an sich. Eine Familie richtet sich mit dem feststehenden Wohnwagen ein Feriendomizil ein, das gute Nachbarschaftsbeziehungen und feste Freunde für die Kinder einschließt. Soziale Beziehungen sind für sie genauso wichtig wie die Naturverbundenheit.

Das Rentnerpaar schätzt in seiner Stadtwohnung die kurzen Wege und die gute Infrastruktur und hat seinen festen Zweitwohnsitz im Grünen auf dem Campingplatz. Das junge Pärchen nutzt den Dauerstellplatz, um seine Lieblingssportarten wie Surfen oder Mountainbiken direkt vor Ort auszuleben. Der gestresste und hart arbeitende Single oder Buchautor nutzt den Dauerstellplatz als Refugium.

Es gibt also **viele Gründe,** sich für einen fest stehenden Zweitwohnsitz zu entscheiden, der ja in höheren Gesellschaftskreisen sehr geschätzt wird. Wichtig ist, dass man ihn auch regelmäßig nutzt, denn sonst verstellt man nur den schönen Platz für Gleichgesinnte.

Saisoncamper

Der Saisoncamper mietet sich für einige Monate im Jahr einen festen Stellplatz, dazwischen ist er *on the road.* Der Saisoncampingplatz kann ein schöner Wintercampingplatz in einem schneereichen Gebiet sein oder in der Nebensaison, im Frühjahr oder Herbst, ein Platz in einer typischen Urlaubsregion. Der Saisoncamper verbindet die Vorteile des Dauercampers mit denen des Reisecampers: eine moderne und vielseitige Urlaubsform.

Dauercamper und gleichzeitige Mobilität

Die Eier legende Wollmilchsau unter den Caravan-Möglichkeiten findet man in Skandinavien: Der Wohnwagen steht dort in vielen Fällen auf einem Dauerstellplatz mit festem Vorzelt auf einem schönen Campingplatz. Der Stellplatz ist allerdings gut zugänglich und der Wohnwagen ist nicht vollkommen integriert, sodass er einfach herausgezogen werden kann. Man kann ihn also anhängen und so mit ihm auf Reisen gehen. Unmittelbar nach dem Urlaub wird der Dauerstellplatz, der Zweitwohnsitz, wieder bezogen und der Wohnwagen ist wieder untergebracht.

Wohnwagen oder Wohnmobil?

Gerne wird behauptet, das Wohnmobil sei mobiler und besser für Reisen geeignet, der Wohnwagen tauge mehr zum reinen Wohnen und zum Anfahren von festen Stellplätzen. Es gibt jedoch für beide Campingmöglichkeiten geeignete Wohnmobile und Wohnwagen und ebenso existiert für den Zwischenbereich eine Vielzahl beider Fahrzeugtypen, die die individuellen Reisebedürfnisse der Camper widerspiegeln. Man muss die Unterschiede von Wohnwagen und -mobil differenzierter betrachten:

Autarker Wohnwagen
Rüstet man den Wohnwagen mit einer Batterie, einem Abwassertank und einem weiteren Frischwasserkanister als Reserve aus, ist man wie mit den meisten Wohnmobilen für zwei bis drei Tage unabhängig von Versorgungsstationen oder Campingplätzen.

	Wohnwagengespann	Wohnmobil
Abmaße	*Große Gesamtlänge und Breite*	*Kompakter als ein Wohnwagen-Gespann*
Erwachsenensitze	*PKW-Standard: komfortabel, sicher, leise, normale Sicht*	*Bei neuen Mobilen gut und sicher, bei alten laut und unkomfortabel, sehr gute, oft erhöhte Sicht*
Kindersitze	*Sichere Sitzmöglichkeiten, gute Unterhaltungsmöglichkeit, gute Sicht*	*Sitze im Aufbau sind unsicher, Unterhaltungen aufgrund lauter Geräuschkulisse schwerer möglich, Sicht eingeschränkt*
Wohnraumnutzung während der Fahrt	*Nicht möglich*	*Möglich, aber hohes Verletzungsrisiko bei einem Unfall*

Wege zum Wohnwagen

Fahrkomfort	*Sehr gut, da die Gespann-geschwindigkeit nur einen Bruchteil der PKW-Höchst-geschwindigkeit beträgt, aber verstärkte Nick-bewegungen des Autos durch den Anhänger*	*Gut in modernen Fahrzeugen, mäßig in älteren Fahrzeugen*
Höchstge-schwindigkeit	*80 bis 100 km/h je nach Zulassung*	*80 bis ca. 140 km/h je nach Fahrzeug*
Streckenein-schränkungen	*Es gibt einige Bergstraßen, die mit Anhänger nicht befahren werden dürfen*	*So gut wie keine Einschränkungen*
Transport-möglichkeiten	*Sehr gut, zum Wohnwagen kommt noch der Autokoffer-raum bzw. Dachträger*	*Sehr gut, manchmal Doppelboden oder kleine Garagen, hohe Zuladung*
Kosten	*Wohnwagen kosten in Anschaffung und Unterhalt ca. 30 % des Wohnmobils*	*Teure Anschaffung und kostspieliger Unterhalt*
Wertverlust	*Gering, nahezu linear vom 2. bis zum 15. Jahr*	*Ähnlich hoch wie beim Auto, insb. in den ersten Jahren*
Variabilität am Urlaubsort	*Sehr hoch, da das Zugfahrzeug individuell einsetzbar ist*	*Weitere Fahrzeuge wie Fahrräder oder Roller erleichtern die Mobilität am Urlaubsort, ansonsten müssen Ausflüge mit dem kompletten Fahrzeug unternommen werden*
Fahrdynamik	*Gewöhnungs- und übungsbedürftig durch zusätzliches Gelenk*	*Einfach, wenn man die größeren Abmaße im Vergleich zum PKW berücksichtigt*

	Wohnwagengespann	Wohnmobil
Vorzelt	*Problemlos möglich*	*Mit Spezialmarkisen heute auch möglich*
Ausrichten am Stellplatz	*Relativ leicht, mit dem Stützrad kann eine Richtung bereits ausgeglichen werden*	*Ausrichtung oft in zwei Richtungen nötig, Keile sind für schräges Gelände oft zu niedrig*
Transport von Sportanhängern	*Nicht möglich*	*Motor- oder Segelboot können auf einem Anhänger in den Urlaub mitgenommen werden*
Wintercamping	*Sehr gute Rundumisolierung, aber kein Doppelboden*	*Fahrerhaus mit Scheiben ist eine große Kältebrücke. Doppelboden ist vorteilhaft.*
Stellplatz auf öffentlichen Straßen und Parkplätzen	*Abgekoppelt max. 14 Tage, angekoppelt beliebig lange*	*Beliebig lange*
Integration im Urlaubsland	*Das Gespann ist recht auffällig. Ohne Wohnwagen kann man sich dagegen gut in Land und Kultur integrieren.*	*Normale Wohnmobile sind auffällig und haben teilweise ein negatives Image. Integration wird häufig erschwert.*

In Deutschland wurden 2010 im Schnitt 60.000 € für ein neues Wohnmobil ausgegeben, dagegen wurden nur durchschnittlich 17.000 € in einen neuen Wohnwagen investiert. Für den Differenzbetrag von gut 40.000 € kann man die einfachere Wohnwagenausstattung an die des Wohnmobils anpassen und sich zusätzlich einen neuen Zugwagen kaufen. Gespann und Wohnmobil derselben Preisklasse liegen dann interessanterweise in Motorisierung, Platzangebot, Komfort und im Preis sehr nahe beieinander.

Zwei Aspekte für und wider Wohnwagen bzw. Wohnmobil sollen an dieser Stelle noch eingehender erörtert werden:

- Wenn man heute ein modernes Fahrzeug besitzt, das über Klimaanlage, Navigations- und Infotainmentsystem, Fahrerassistenzsysteme, Ledersitze, Schiebedach sowie über ein Vielzahl von Airbags verfügt, dann macht es keinen Sinn, dieses hochwertige Fahrzeug im Urlaub daheim zu lassen und es gegen einen faktisch zum Wohnmobil umgebauten Lieferwagen zu tauschen. Oder erwirbt man ein ähnlich hochwertiges und entsprechend teures Wohnmobil für nur fünf Wochen Urlaub im Jahr? Aus **wirtschaftlicher Perspektive** macht die Kombination hochwertiges Zugfahrzeug und Wohnwagen mehr Sinn.

- Einen prinzipiellen Unterschied stellt der **Transport von großem Sportgerät** dar. Wenn man im Urlaub den Roller, die Motorräder, das Quad, ein Motorboot oder den Segelkatamaran mitnehmen will, muss man beim Wohnwagen große Klimmzüge unternehmen, um dies zu bewerkstelligen. Hier bietet das Wohnmobil die weitaus

Wege zum Wohnwagen

Literaturtipp
„Clever reisen mit dem Wohnmobil", Rainer Höh, REISE KNOW-HOW Verlag. Ausführliche und praxiserprobte Informationen zum Wohnmobil.

◄ *„Zu Verkaufen" Die Nachteile des Wohnwagens mit den Nachteilen des Wohnmobils kombiniert*

einfachere Möglichkeit, diese zusätzlichen Fahrzeuge einfach per Anhänger zum Urlaubsort mitzunehmen. Die Mobilität vor Ort steigt zudem durch die Mitnahme weiterer Fahrzeuge erheblich, sodass das Wohnmobil wie ein Wohnwagen gut als Basiscamp am Campingplatz stehen kann.

Mieten oder kaufen?

Diese Frage lässt sich einfach beantworten: Wer noch **keine Erfahrung** mit Wohnwagen hat, sollte zuerst einen mieten. So kann man sich mit dem Wohnwagenurlaub vertraut machen. Bereitet das Fahren keine ernstzunehmenden Schwierigkeiten und ist man mit dem Erlebnis- und Erholungsfaktor des Wohnwagenurlaubs zufrieden, kann man einen Kauf selbstverständlich in Betracht ziehen.

Wenn man sich bezüglich des Fahrzeugtyps unsicher ist, bietet sich ein **Vergleich** mit einem gemieteten Wohnmobil an. Auch kann das Ausprobieren einer bestimmten Größe, Breite oder eines Grundrisses eine Kaufentscheidung gut vorbereiten.

Hat man mit dem Wohnwagenurlaub seine Urlaubsform gefunden, dann spricht vieles für den Kauf. Der Wohnwagen kann z. B. so eingerichtet und vorgepackt werden, dass man schnell und unkompliziert in den Urlaub starten kann. Die Beschränkung auf die vorreservierte Mietzeit entfällt sowieso. Die **Individualisierung des Wohnwagens** verspricht höheren Komfort und manchmal den einen oder anderen Zusatznutzen im Urlaub. Beispielsweise ist im Mietwohnwagen selten ein Fernseher eingebaut und Geschirr und Stühle sind in zu geringer Anzahl vorhanden, um Gäste einzuladen.

Die Gründe, die dauerhaft dafür sprechen, einen Wohnwagen zu mieten, sind relativ überschaubar:

- Für einen eigenen Wohnwagen gibt es keine passende **Abstellmöglichkeit** unter dem Jahr.
- Man will sich **kein zusätzliches Fahrzeug** anschaffen.
- Man hat eine **Aversion gegen das Fahren eines Gespanns** und mietet sich lieber auf dem Campingplatz am Urlaubsort einen Wohnwagen.
- Man will **nur gelegentlich** einen Wohnwagenurlaub machen, daneben reizen andere Urlaubsformen wie Kreuzfahrten, Skihüttenurlaube oder ferne Städtereisen.
- Es ist wahrscheinlich, dass man in der nächsten Zeit seinen Wohnort dauerhaft ins ferne Ausland verlagert.
- Man will sich nicht mit dem Wohnwagen an sich beschäftigen (Ausstattung, Inbetriebnahme usw.), sondern versteht die Urlaubsform Camping mit dem Wohnwagen ausschließlich als Mittel zum Zweck.

Die folgende Tabelle stellt **die Vor- und Nachteile,** die mit dem **Kauf** eines Wohnwagens einhergehen, kompakt zusammen.

Vorteile Wohnwagenkauf	Nachteile Wohnwagenkauf
Wohnwagen ist fast urlaubsfertig eingerichtet und mit geringem Aufwand startklar	*Das zusätzliche Fahrzeug muss gewartet werden, TÜV und Gasprüfung sollten alle zwei Jahre durchgeführt werden*
Wohnwagen kann an individuelle Bedürfnisse angepasst werden	*Für die urlaubsfreie Zeit ist ein Stellplatz notwendig*
Transportkapazität wird ausgenützt: Fahrräder, Schlauchboot, Grill sind eingepackt	*Hohe Anfangsinvestition*

Wege zum Wohnwagen

Vorteile Wohnwagenkauf	Nachteile Wohnwagenkauf
Bürokratischer Mietaufwand entfällt	-
Fahrten über das Wochenende machen nur mit eigenem Wohnwagen Sinn	-
Nutzung des Wohnwagens als Dauer- oder Saisonunterkunft möglich	-

Neu oder gebraucht?

Richtig daneben liegen kann man beim Kauf eines Wohnwagens heutzutage nur, wenn man einen Wohnwagen kauft, der von der Größe oder der Aufteilung nicht zu einem passt. Sämtliche Marken haben heute durchdachte und ausgereifte Modelle im Programm. Natürlich gibt es Qualitäts- und Preisunterschiede wie überall, der **Wertverlust** ist jedoch geringer als beim Auto oder Wohnmobil. So ist ein gepflegter Wohnwagen nach etwa acht Jahren immer noch die Hälfte seines Anschaffungspreises wert.

Die **Lebenserwartung,** wenn der Wohnwagen (wasser-)dicht bleibt, liegt bei etwa 20 Jahren. Für den Gebraucht- und Neukauf gilt: Lassen Sie sich den Wohnwagen im Detail erklären und auch vorführen. Dabei bekommen Sie eine Menge Tipps, lernen die Technik kennen und entdecken erste Mängel.

Alte Haushalts-gegenstände nutzen

Mit der Zeit sammeln sich meist allerlei doppelte Haushaltsgegenstände wie Geschirr, Besteck, Töpfe, Betten, Kopfkissen, Jacken und Ähnliches daheim an. Diese sind meist zum Wegwerfen zu schade – zum Glück, man kann sie noch einige Jahre im Wohnwagen nutzen! So ist der Wohnwagen ohne große Zukäufe urlaubsbereit und muss nicht vor jedem Urlaub aufwendig ausgestattet werden.

Schwedischer Wohnwagen der Marke Kabe im Heimatland

Wege zum Wohnwagen

Vor dem Kauf sollte in jedem Fall geklärt sein, wo der Wohnwagen in der urlaubsfreien Zeit stehen soll. Wenn das nicht kostenlos auf dem eigenen Grundstück möglich ist, so muss man die Kosten für einen **Stellplatz** z. B. in einer Scheune oder auf einem Campingplatz mit einkalkulieren.

Gebrauchtkauf

Erwirbt man ein älteres Fahrzeug, muss man meist bei der technischen Ausstattung einige Abstriche machen. Die folgende Aufzählung zeigt – als Orientierunghilfe zum Gebrauchtwohnwagenkauf –, ab welchem Zeitpunkt wichtige Neuerungen im Wohnwagenmarkt Einzug gehalten haben.

Oft kann moderne **Technik nachgerüstet** werden, die Kosten dafür sind jedoch hoch. So kostet z. B. eine moderne Chemietoilette mit Außenklappe oder ein großes, klares Hub-Hebedach jeweils etwa 800 € – ohne Einbaukosten.

Das **Wohnwagen-Innendesign** hat sich in den letzten 40 Jahren immer wieder geändert. So herrschten in den 1960er und 1970er Jahren helle Holztöne mit funktioneller, schnörkelloser Optik

Technische Neuerung	Einführungsdatum
Umluftgebläse für die Heizung	ab 1970, damals Sonderausstattung
Integrierte Gaskästen	ab etwa 1985
Moderne Chemietoilette mit Entleerung von außen	ab etwa 1990
Warmwasserversorgung	ab 1990, damals seltenes Sonderzubehör
Mückenrollos an den Fenstern	ab 1990
Erste Kinderzimmergrundrisse mit Stockbetten	ab etwa 1990
Alle Fenster können geöffnet werden	ab etwa 1995
Einbau von ausschließlich 12-Volt-Geräten	ab etwa 1995
Große, klare Dachluken	ab etwa 1995, aber als Sonderzubehör
Antischlingerkupplung	ab 1995, aber heute leicht nachrüstbar
Festbetten für Erwachsene in mittleren und kleinen Wohnwagen	ab 2000
Eigene Bordbatterie	ab 2000
Anti-Schleuder-System	ab 2008

▶ *Kleinstwohnwagen mit Festbett*

vor, die auch heute noch modern wirkt. Die Qualität des Innenausbaus, meist aus Echtholz, war zudem hervorragend. In den 1980er und frühen 1990er Jahren findet man viel barocke Stilelemente mit vorwiegend dunklen Farben. Auch eine weiße

Inneneinrichtung war zeitweise beliebt. Wohnwagen, die jünger als zehn Jahre sind, entsprechen meist recht gut dem gegenwärtigen Zeitgeist. Die Oberflächen der Möbel bestehen heute bei nahezu allen Wohnwagen aus Folien in Holzoptik.

Die **äußere Form** der Wohnwagen hat sich – abgesehen von Nischenmodellen – nur wenig geändert. Seit ihrer Erfindung sind die Wohnwagen in der Regel mehr oder weniger abgerundete, weiße Kastenaufbauten. Die Gestaltung der Rücklichter, die Fensterformen oder die Lackierung ändern sich von rund auf eckig oder von beige über silber auf weiß und umgekehrt.

Daher kann das **Fazit** wohl so lauten: Wer einen Wohnwagen kauft, der nicht älter als acht Jahre ist, bekommt ein modernes und aktuelles Modell mit einem deutlichen Preisnachlass, aber selbstverständlich ohne Neuwagengarantie und mit ersten Gebrauchsspuren.

Bei Wohnwagen, die älter als acht Jahre sind, muss man Abstriche bei den Komfortfunktionen machen – und manchmal auch beim Design. Bei positiver Absolvierung der meisten Checklistenpunkte (s. u.) sind diese älteren Modelle aber zumeist besonders kostengünstige und dabei zuverlässige Reisebegleiter. Man sollte allerdings den damaligen Neupreis in Erfahrung bringen, um den jetzigen Gebrauchtpreis richtig bewerten zu können. In manchen Fällen werden für zehn Jahre alte Wohnwagen Fantasiepreise verlangt, die 50 % und mehr des damaligen Neupreises ausmachen!

Checkliste für den Gebrauchtkauf

Die Reihenfolge der Checklisten-Punkte sollte die Priorität beim Kauf wiedergeben. Die ersten Punkte sind sehr wichtig, weiter unten stehende Punkte stellen Schönheitsfehler dar oder lassen sich mit geringen Kosten reparieren:

❏ **Aufbau:** Ist der Aufbau dicht? In welchem Zustand sind der äußere Aufbau und die Dichtungen? Wurde hier bereits „nachgebessert"? In Staukästen oben und unten, in den Ecken und Kanten im Wohnwageninneren und an Fenstern sollte man nach Wasserspuren oder Feuchtigkeit suchen. Wellt sich die Oberfläche oder löst sie sich ab, gibt es weiche Stellen am Boden oder an den Wänden? Das sind Anzeichen dafür, dass Wasser das Material geschädigt hat. Bei Feuchtigkeitsschäden unbedingt die Finger vom Wohnwagen lassen, denn dies bedeutet oftmals Totalschaden!

Riecht der Wohnwagen nur ansatzweise muffelig, so kann fast sicher von einem Feuchtigkeitsschaden ausgegangen werden.

❏ **Auflaufbremse:** Funktioniert die Wohnwagenbremse? Kontrolle von Auflaufdämpfer (Längsverschiebung der Kupplung), Faltenbalg und

Bremsgestänge. Daneben muss die angezogene Handbremse den Wohnwagen fest halten – er darf sich nicht mehr drehen oder ziehen lassen. Bei Zweifeln am besten die Auflaufbremse im Fahrversuch testen. Der Wohnwagen sollte beim Bremsen nicht auf den Zugwagen auflaufen, sondern gleichmäßig mitbremsen. Besonders bei Standwohnwagen ist das Ersetzen der zwar meist unbenützten aber korrodierten Bremsanlage eine oftmals teure Angelegenheit.

❏ **Fenster und Dachhauben:** Diese sollten klar und ohne Risse sein, dicht schließen und keine erkennbaren UV-Schäden haben. Denn Fenster von Wohnwagen, die älter als 10 Jahre sind, sind heute kaum mehr als Ersatzteil zu bekommen.

❏ **Wohnwagenrahmen und Radaufhängung:** Auf Korrosion, Risse und Unfallschäden prüfen. Normalerweise überleben Rahmen und Fahrwerk den Aufbau, aber wenn hier größere Schäden zu verzeichnen sind, bedeutet dies kostspielige Reparaturen.

❏ **Hauptuntersuchung:** Hat der Wohnwagen noch TÜV, dann hat man normalerweise kein technisches Problem. Liegt der letzte TÜV jedoch deutlich mehr als zwei Jahre zurück, ist davon auszugehen, dass größere Mängel bei der Hauptuntersuchung auftreten werden. Fehlen dann noch Papiere, wird die Abnahme richtig aufwendig – aber nicht unmöglich.

❏ **Gasgeräte:** Herd, Heizung, Kühlschrank. Oft kühlen alte Absorberkühlschränke nicht mehr richtig, dann wird ein teurer Austausch nötig, denn der Kühlschrank gehört zu den elementaren Grundgeräten eines Wohnwagens. Herd und Heizung sind weniger anfällig, sollten aber natürlich auch funktionieren.

❏ **Kunststoffteile:** Bugkastenklappe, Lampenträger, Abdeckungen und Verkleidungen. Diese

Teile sollten keine Risse aufweisen, denn Ersatzteile sind oft nicht mehr zu bekommen. Dabei handelt es sich zwar meist nur um Schönheitsfehler, die aber zumindest ein guter Grund für einen deutlichen Preisnachlass sind.

❑ **Wohnraumelektrik:** Funktionieren Transformator, Lampen, Wasserpumpe, Gebläse, ggf. Batterie und Ladegerät?

❑ **Kupplung und Stützen:** Eine Anti-Schlinger-Kupplung sollte heute montiert sein und funktionieren, ansonsten kostet die Nachrüstung etwa 300 €. Stützen und Bugrad verbiegen sich gerne oder rosten fest.

❑ **Wassersystem:** Optische Kontrolle von Tank, Hähnen und Leitungen – sind diese sauber? Am besten einmal Wasser durchlaufen lassen: Riecht das Wasser gut und ist es schlierenfrei?

❑ **Inneneinrichtung:** Schäden an Klappen, Griffen, Verkleidungen? Fühle ich mich im Wohnwagen wohl, freue ich mich auf die erste Nacht?

❑ **Reifen:** Wie alt und wie gut ist der Gummi? im Zweifelsfall droht der Neukauf. Zur Orientierung:

▲ Typischer Campingplatz an einem bayrischen See

Auf den Reifen ist eine vierstellige Zahl (20XX) eingeprägt, die letzten beiden Ziffern geben das Herstellungsjahr an, die ersten beiden die Herstellungswoche.

❏ **Polster und Betten:** Zustand, Härte und Geruch prüfen. Polster und Überzüge kann man ersetzen, dies ist allerdings keine billige Angelegenheit.

❏ **Fahrzeugelektrik:** Funktionsprüfung von Blinker, Rückleuchten usw. Auftretende Mängel sind relativ schnell und leicht zu beheben.

❏ **Gasprüfung:** Diese Prüfung ist zwar nicht vorgeschrieben, es ist aber von Vorteil, wenn eine Prüfung nicht zu lange zurückliegt.

Der **Wohnwagenkauf beim Händler** hat natürlich den Vorteil, dass die gesetzliche Gewährleistung gilt. Wenn man ein Händchen für das Praktische hat und der Wohnwagen in einem vernünftigen Zustand ist, kann man allerdings auch ein Schnäppchen von privat kaufen.

Neukauf

Es ist ein großes Vergnügen, sich einen Wohnwagen genau nach seinen Wünschen zusammenzustellen, ihn das erste Mal zu betreten, der erste zu sein, der ihn bewohnt und der in den nagelneuen Betten schläft. Und ein Neukauf kann sich durchaus rechnen, wenn man plant, das Fahrzeug langfristig zu nutzen – dem geringen Wertverlust sei Dank.

Auf Messen gibt es oft deutliche Neuwagenrabatte, allerdings meist nur vom örtlichen Händler,

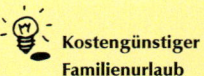

Kostengünstiger Familienurlaub

Der Gebrauchtkauf eines günstigen Wohnwagens ist für Familien die wahrscheinlich kostengünstigste Variante, um entspannt Urlaub machen zu können. Hier können sich Anschaffung, Unterhalt und Urlaubsausgaben sogar gegenüber Pension oder Ferienwohnung rechnen. Wenn man dann noch die Hauptsaison, teure All-inclusive-Campingplätze, teures Zubehör und weite Anfahrten meidet, bleiben die Kosten überschaubar. Billiger, aber mit Komforteinbußen kann man nur noch im Zelt, in Jugendherbergen oder bei Verwandten/Bekannten Urlaub machen.

der nicht unbedingt immer in der Nähe ist. Wenn einem das zu weit ist, sollte man versuchen, beim eigenen Händler einen ähnlichen Preisnachlass zu bekommen. Die Chancen stehen gut und ein Händler in der Nähe ist Gold wert, um eventuelle Garantiefälle seitens des Herstellers zu beheben oder Umbaupläne schnell und problemlos zu verwirklichen. Man sollte sich daher nicht zu einem schnellen, unüberlegten Kauf während einer Messe überreden lassen. Besser ist es, das Angebot mit nach Hause zu nehmen, alles in Ruhe zu überdenken und erst ein paar Tage später den Kaufvertrag zu unterschreiben. Ein solcher zeitlicher Puffer sollte immer möglich sein.

Viele neue Wohnwagen werden leider **nicht ganz mängelfrei ausgeliefert.** Daher sollte man versuchen, schon bei der Vorführung durch den Händler größere Fehler zu erkennen und diese sofort beheben zu lassen. Es ist zudem ratsam, noch im ersten Urlaub eine **Mängelliste** aufzustellen. Nach dem Urlaub kann man dann freundlich, aber bestimmt die zügige Behebung der Mängel einfordern.

Wohnwagenkosten

Sind Sie nun auf den Geschmack gekommen? Bevor Sie sich euphorisch von Ihrer bisherigen Urlaubsform trennen, lassen Sie mich noch einmal die **harten finanziellen Fakten** ansprechen.

- Die **Fixkosten** des Wohnwagens: Wertverlust, Steuern, Versicherung, Unterstellkosten und Wartung sind pro Jahr vielleicht für ein komplettes Fahrzeug absolut betrachtet nicht sehr hoch, auf den einzelnen Urlaubstag umgerechnet jedoch ein ordentlicher Betrag.
- Musste man die Anhängerkupplung (AHK) extra für den Wohnwagen anschaffen und ist das **Fahr-**

zeug eine oder zwei Nummern größer ausgefallen, als man es ohne Wohnwagen nötig hätte, sind hier schnell 50 € (Abschreibung der AHK) bis über 1000 € (stärkeres Zugfahrzeug) pro Jahr zusätzlich fällig, die man ehrlicherweise der Urlaubskasse zuschlagen sollte.

- Fast jeder Camper schafft sich pro Jahr durchschnittlich für einige Hundert Euro **Zubehör** an. Ob das nötig ist oder nicht, sei dahingestellt. Doch die Beträge, die man in schön gestalteten (Online-)Zubehörshops lässt, sind enorm – sie verteilen sich bloß fast unauffällig über das ganze Jahr.

- Bei der Betrachtung der Kosten sollte man ruhig in Erwägung ziehen, dass jede **Eigenleistung** in gewissem Sinne auch Bargeld ist. Denn in der für das Basteln und Reparieren am Wohnwagen aufgewandten Zeit könnte man natürlich auch Geld verdienen.

- Jetzt sind wir noch keinen Meter gefahren. **Sprit und Campingplatzgebühren** kommen noch anteilig pro Urlaub dazu – manchmal in der Höhe eines Pauschalurlaubes oder der Kosten einer kleinen Ferienwohnung.

Wer also Caravan-Urlaub nur während drei Wochen in der Hauptsaison unter dem Aspekt der Sparsamkeit macht, der hat in der Schule beim Mathe-Unterricht geschlafen oder ist sich der Gesamtkosten schlicht nicht bewusst. Bei spärlichem Gebrauch des Wohnwagens rechnet sich Camping nur ideell, aber keinesfalls finanziell.

Letztlich soll hier die Behauptung widerlegt werden, Wohnwagenurlaub sei immer eine billige Angelegenheit. Gelegenheitsnomaden haben aber eine feste Vorstellung von Erholung und Freizeit und sind daher nötigenfalls bereit, für dieses Hobby auf andere Dinge zu verzichten.

003vw Abb. mz

▶ „Wildes
Campen" ist in
Deutschland –
wenn man rück-
sichtsvoll ist – an
schönen Orten für
eine Nacht schon
noch möglich

Das Gespann

Das Gespann

Gespann – was ist das?

Nach Abwägung der Vor- und Nachteile spricht vieles für das Wohnwagengespann, wenn man im Urlaub unabhängig sein will. Warum sind dann aber Wohnmobile so beliebt? Die Antwort beinhaltet eine Portion Spekulation: Vermutlich schrecken einige Camper vor dem „Gespann" zurück. Denn ein Gespann, so lautet die landläufige Meinung, ist **kein harmonisches Fahrzeug,** sondern ein zusammengestecktes Vehikel. So etwas hat man früher gebaut und genutzt, als man noch viele Kompromisse einzugehen bereit war. Heute kauft man sich hingegen mit Vorliebe ein Fahrzeug aus einem Guss – das nur für den einen, gewünschten Einsatzzweck konstruiert ist, könnte man ironisch ergänzen.

Nun, ein Gespann besteht in der Tat immer aus **Einzelfahrzeugen, die zu einem neuen Gesamtsystem kombiniert werden.** Das fängt beim Motorradgespann (Motorrad mit Seitenwagen), das meist nicht mehr getrennt werden kann, an und hört beim Hundeschlittengespann noch lange nicht auf. Aber ein Wohnwagengespann hat den entscheidenden Vorteil, dass eben auch die **Einzelfahrzeuge allein genutzt** werden können.

Wenn man bei der Wahl der einzelnen Komponenten auch deren Zusammenspiel **im Verbund** schon berücksichtigt, kann man sehr harmonische Gespanne zusammenstellen. Die folgenden Ausführungen sollen diesem Aspekt Rechnung tragen.

Zugwagen

Zwei notwendige Voraussetzungen muss ein PKW erfüllen, um als Zugwagen überhaupt in Frage zu kommen. Das Zugfahrzeug muss erstens über eine Anhängerkupplung verfügen und zweitens darf die gesetzlich zulässige Anhängelast nicht überschritten werden.

Daneben gibt es jedoch noch einige andere Faktoren, die bei der Wahl des Zugwagens berücksichtigt werden sollten.

Anhängerkupplung

Für die meisten Fahrzeuge gibt es Anhängerkupplungen ab Werk als Sonderausstattung oder als Zubehör für den nachträglichen Einbau. Ausnahmen gibt es bei speziellen Sportwagen, einigen Cabrios, besonders leistungsfähigen Tuningvarianten oder anderen Exoten. Diese Fahrzeuge sind in vielen Fällen nicht für Anhängerbetrieb vorgesehen.

Anhängerkupplungen gibt es heute in drei Ausführungen: **starr, abnehmbar und wegschwenkbar.** Die starre Kupplung wird heute kaum mehr verbaut und die Ausführung, bei der man die Kupplung bei Nichtgebrauch einfach unter das Fahrzeug schwenken kann, ist – insbesondere für ein Wohnwagengespann – die bequemste Möglichkeit.

Auf die gute **Erreichbarkeit der Steckdose** sollte man achten. Eine Steckdose, die weit und tief unter dem Fahrzeug angebracht ist, macht mehr Mühe beim Herstellen der elektrischen Verbindung als der gesamte Rest der Verbindung von Auto und Wohnwagen.

Zulässige Anhängelast und Fahrzeugmasse

Die zulässige Anhängelast ist unter anderem abhängig von der Fahrzeugmasse, der Bauform, der Motorleistung und der Antriebsart. Leider gilt: Je schwerer das Fahrzeug ist, desto höher ist die zulässige Anhängelast – und desto besser ist es auch als Zugfahrzeug geeignet.

Das Gespann

Stützlast und hintere Achslast

Stützlast ist die Gewichtslast, die direkt auf den Kupplungskopf der Anhängerkupplung wirkt. Aus fahrdynamischen Gründen sollte sie nahe des zulässigen Werts, meist 75 oder 100 kg, liegen. Sie addiert sich nicht nur auf die hintere Achslast, sondern wirkt durch den Hebelarm [(Hecküberhang + Radstand) geteilt durch Radstand] auf die Hinterachse. 100 kg Stützlast ergeben etwa 130 kg zusätzliche Last auf die hintere Achse. Die Vorderachse wird dabei um 30 kg entlastet. Wenn die Rücksitzbank des Zugfahrzeugs dann noch komplett mit Personen besetzt und der Kofferraum voll ist, wird die Achslast hinten schnell überschritten.

Antriebsarten

Frontantrieb, Heckantrieb oder Allradantrieb? Fährt man nur im Sommer in den Süden auf einen befestigten Campingplatz, so ist der **Frontantrieb** völlig ausreichend. Bei glattem Untergrund oder steilen Straßen kommt er jedoch sehr schnell an seine Grenzen. Dies liegt an dem Umstand, dass zusätzlich zu dem zu ziehenden Zusatzgewicht die Vorderachse durch die Stützlast entlastet wird, was die ↗Traktion verringert. Das Anfahren mit Vorderradantrieb an einem steilen Berg oder auf einer nassen Wiese kann dann sehr schnell zu durchdrehenden Reifen führen.

Traktion
Mit diesem Begriff bezeichnet man die Fähigkeit eines Fahrzeugs, Antriebskraft in Beschleunigung umzusetzen.

Der **Heckantrieb** bzw. dessen Traktion hingegen wird mit zusätzlicher Stützlast besser. Mit dieser Antriebsart ist man auch für schwerere Wohnwagen oder rutschige Untergründe gut gerüstet.

Will man sich über die Zugkraft des Gespanns keine Gedanken machen und Stellplätze in sandigem Gebiet, auf weichem Boden, auf Anhöhen oder auch im Schnee anfahren, dann ist man mit einem **Allradantrieb** am besten bedient. Mit dem Allradgespann kann man in etwa die gleichen Untergründe und Steigungen meistern wie mit einem

◄ Herausziehen bzw. -drehen des Wohnwagens mittels Haken und Abschleppseil

Das Gespann

Fahrzeug mit Zweiradantrieb, aber ohne Wohnwagen. Der freien Stellplatzwahl sind damit also kaum Grenzen gesetzt.

Zugwagenhöhe

Ein **hoher Zugwagen** verschafft dem Gespann nicht nur optisch ein harmonischeres Aussehen, sondern optimiert außerdem den **Windwiderstand** und reduziert die **Seitenwindempfindlichkeit.** Meist hält sich dann auch der Mehrverbrauch in Grenzen. Vans, Busse, Transporter und Geländewagen haben hier Vorteile gegenüber flacheren, „normalen" PKWs. Und auch die immer noch sehr populären SUVs (Sport Utility Vehicle) haben als Zugfahrzeuge im Gespann endlich eine Aufgabe, in der ihre konzeptionellen Vorteile ausgeschöpft werden können.

> **Anfahren am Berg**
> *Anfahren am Berg oder auf rutschigem Untergrund gelingt mit dem Gespann am besten, wenn es eingeknickt ist, d. h., Zugwagen und Wohnwagen nicht auf einer geraden Linie liegen. Dann kann das Auto erstmal einige Zentimeter anfahren, während der Wohnwagen nur in Fahrzeugrichtung ausgerichtet, aber noch nicht sein Gesamtgewicht gezogen werden muss.*

Hecküberhang und Radstand

Je kürzer der Abstand zwischen der Hinterachse und der Anhängerkupplung (= Hecküberhang) ist und je länger der Achsabstand, also der Radstand des Autos, ausfällt, desto geeigneter ist das Fahrzeug für einen ruhigen Fahrbetrieb im Gespann ohne Schlingern. Auch die unangenehmen Nick-bewegungen (hoch und runter) fallen dann aufgrund günstiger Hebelgesetze weniger stark aus.

Umgekehrt können Fahrzeuge, die eigentlich aufgrund ihrer Masse und Höhe sehr geeignete Zugfahrzeuge wären, viele Vorteile zunichte machen, wenn der Anhängerkupplungskopf weit hinter der Hinterachse befestigt ist.

Diesel oder Benziner

Diesel oder Benziner: Was ist die ideale Antriebsart für ein Gespann? Das ist ein Thema, das immer wieder gut geeignet ist, die Campinggemüter auch an einem kühlen Herbstabend vor dem Wohnwagen zu erhitzen. Dabei sind die günstigeren **Verbrauchswerte** des Diesels im Vergleich zum Benziner im Gespannbetrieb noch deutlicher ausgeprägt. Der geringere Verbrauch und ein Drehmomentverlauf, der niedertouriges Fahren zulässt, sprechen für den Diesel.

Ein leistungsfähiger Benziner ist auch ein gutes Zugfahrzeug. Seine harmonische Leistungsentfaltung, den weichen Motorlauf und die ausgeglichene **Motorcharakteristik** erkauft man sich jedoch mit höheren Kraftstoffkosten. Im Gespannbetrieb kommt man selten mit weniger als drei Litern Mehrverbrauch im Vergleich zum Solofahrzeug aus. Wenn die Reiseentfernungen nicht groß sind, kommt allerdings der steuerliche Vorteil des Benziners zum Tragen.

Verbrauch im Gespannbetrieb

Ein gut motorisierter Benziner (ab etwa 150 PS) verbraucht mit einem stattlichen Wohnwagen um 1500 kg zul. Gesamtgewicht ca. 14 l/100 km. Ein ebenso starker Diesel verbraucht hingegen etwa 11 l/100 km.
Wenn man anstatt 85 km/h nach Tacho 110 km/h fährt, wird das beim Diesel und noch mehr beim Benziner zusätzlich mit einem deutlichen Express-Aufschlag von zwei bis fünf Litern quittiert.

Leistungsgewicht

Um im normalen Verkehr noch gut mitschwimmen zu können, sollte das Gespann ein Leistungsgewicht von mindestens 5 PS pro 100 kg haben. Bei 3000 kg Gespann-Gesamtgewicht ist man daher ab einer Motorleistung von 150 PS ausreichend motorisiert.

Fazit: Der Dieselantrieb kann im Gespannbetrieb seine Vorzüge gut zur Geltung bringen.

Getriebe

Heute gibt es im Wesentlichen drei Arten von Getrieben: Das **klassische Schaltgetriebe,** das **Automatikgetriebe** und das noch recht neue **Doppelkupplungsgetriebe**, das eine Mischform der beiden anderen darstellt. Beim Schaltgetriebe müssen sowohl das Anfahren als auch die Gangwechsel manuell durchgeführt werden, die beiden anderen Getriebearten nehmen einem diese Arbeit ab. Auf der **Autobahn und der Landstraße** unterscheiden sich die drei Getriebetypen im Gespannbetrieb nicht viel. Das Anfahren ist kein Thema und die nötigen Gangwechsel bekommt man auch mit dem Schaltgetriebe noch recht bequem hin.

Im **Stadtverkehr** haben die automatisierten Getriebe (Automatikgetriebe und Doppelkupplungsgetriebe) Vorteile. Häufiges Anfahren, Gangwechsel und Abbremsen, verbunden mit einer engen Straßenführung und vielen Verkehrsteilnehmern, erfordert im Stadtverkehr eine erhebliche Aufmerksamkeit. Die Konzentration, die man für das manuelle Kuppeln und Schalten aufbringen muss, hat man beim Getriebeautomaten voll für Tätigkeiten übrig, die der Verkehrssicherheit (oder dem Komfort) dienen.

Wieder anders sind die Verhältnisse beim **Rangieren** und oftmaligem **(Berg)-Anfahren.** Das klassische Automatikgetriebe hat in diesen Situationen den Vorteil eines materialschonenden Anfahr- und Langsamfahrbereichs, denn ein mechanisches Kupplungsschleifen, wie bei manuellen und Doppelkupplungsgetrieben, gibt es hier nicht. Zudem wird durch einen Drehmomentwandler im Automatikgetriebe das Antriebsmoment beim Anfahren verdoppelt, die **Anfahrsteigfähigkeit** also deutlich erhöht.

Das Fazit lautet daher: Das Automatikgetriebe ist beim Anhängerbetrieb die optimale Wahl.

Hilfen für den Zugwagen

Neben der obligatorischen Anhängerkupplung samt elektrischer Steckdose gibt es heute viele weitere Hilfen, die das Fahren und Ankuppeln sicherer und bequemer machen.

Breite Rückspiegel

Die Spiegel eines Gespannes müssen **über die Wohnwagenbreite hinausragen.** Je weiter sie dies tun, desto besser ist die Sicht nach hinten. Der Zubehörhandel hält mittlerweile eine Vielzahl von Varianten bereit, dabei hat sich die Befestigung auf den serienmäßig vorhandenen Spiegeln durchgesetzt. Zum schnellen Wechsel zwischen Solo-PKW und Gespann ist es wichtig, dass die Spiegel schnell ab- und angebracht werden können – und das ohne jeweilige Neujustierung des Winkels.

> **Enge Durchfahrten**
>
> *Wo man mit den Wohnwagenspiegeln durchkommt, kommt man auch mit dem gesamten Wohnwagen durch. Die Durchfahrt darf sich allerdings weder oberhalb noch unterhalb der Spiegel verengen und darf auch keine Biegung machen.*

Das Gespann

Rückfahrsensoren und -kamera

Rückfahrsensoren stellen eine kleine Erleichterung beim Ankuppeln des Wohnwagens dar. Hat man sich erst einmal die optische Anzeige oder den akustischen Ton gemerkt, wenn der Kugelhals über der Kupplung steht, trifft man den richtigen Längsabstand auch ohne Einweiser ganz gut.

Noch besser geht es mit einer **Rückfahrkamera** im Heck des Autos. Diese sollte natürlich auch noch den Kupplungsball im Bild zeigen, dann sind präzise und kratzerfreie Ankoppelmanöver auch alleine leicht möglich. Rückfahrkameras sind für eine Vielzahl von Fahrzeugtypen erhältlich. Ihre Verbreitung hat in den letzten Jahren deutlich zugenommen.

Anhänger-ESP

Moderne Fahrzeuge mit elektronischem Stabilisierungssystem (↗ESP) können die Drehung des Fahrzeugs um die Hochachse sehr genau messen und zudem die Räder einzeln abbremsen. Fängt der Wohnwagen stark an zu schlingern, erkennt das die Sensorik und das Zugfahrzeug bringt durch kurzes automatisches Bremsen einzelner Räder die Schlingerbewegung zum Erliegen.

Diese Erweiterung der normalen ESP-Funktion zum Anhänger-ESP bieten nur moderne Fahrzeuge frühestens ab Baujahr 2003. Im Einzelfall sollte man nachfragen, ob das gewünschte Fahrzeug über die-

ESP

ESP (Abk. für „Elektronisches Stabilitätsprogramm") bezeichnet eine Technik in Fahrzeugen, die mittels elektronischer Sensoren und Computer dem Schleudern in Kurven durch das gezielte Abbremsen einzelner Räder entgegensteuert.

se Funktion bereits verfügt und wie weit deren Umfang geht.

Niveauregulierung

Sehr vorteilhaft ist eine Niveauregulierung an der Hinterachse. Das Fahrzeug und der Wohnwagen sind dann immer horizontal konstant ausgerichtet – unabhängig davon, wie viel Gewicht auf die Hinterachse wirkt. Der Federweg des Zugfahrzeugs bleibt mit Niveauregulierung voll erhalten und die Vorderachse wird nicht über Gebühr entlastet. Gerade ein doppelachsiger Wohnwagen sollte parallel zur Straße ausgerichtet sein, denn bei Schräglage werden die beiden Achsen unterschiedlich stark belastet. Teure Fahrzeuge mit Luftfederung halten serienmäßig das Niveau an der Hinterachse konstant.

Wohnwagen

Platzbedarf, Komfort und Unterbringungsmöglichkeiten spielen bei der Auswahl des Wohnwagens eine gewichtige Rolle. Allerdings gibt es auch aus der Perspektive der Fahrdynamik verschiedene Aspekte, die man beim Wohnwagenkauf berücksichtigen kann und sollte.

Aufbaulänge vs. Aufbaubreite

Es gibt heute drei Standard-Wohnwagenbreiten: ca. 2 m, 2,30 m und 2,50 m. Die Wohnwagenlänge bewegt sich üblicherweise zwischen 5 und 9 m. In diesen Grenzen bewegen sich 95 % aller Wohnwagen. Klar ist: Je breiter und länger der Wohnwagen ausfällt, desto unhandlicher ist er zu manövrieren. Wenn man nun versucht abzuwägen, welches Übel – große Breite oder große Länge – denn das schlimmere ist, sollte man zwei Dinge berücksichtigen:

- Die **Länge** des Wohnwagens korreliert mit der **Anzahl der Funktionen** im Wohnwagen: Anzahl der Betten, Vorhandensein von Zusatzschränken oder einer Rundsitzgruppe anstatt einer ↗Dinette.
- Die **Breite** ist in den meisten Fällen nur eine **Komfortfrage.** Je breiter der Wohnwagen ist, desto größer fallen Tische, Bad und Zwischengang aus. Neue Funktionen kommen nicht hinzu.

Dinette

Unter einer Dinette versteht man eine Sitzgruppe mit gegenüberliegenden Bänken.

Das Gespann

Für den **Fahrbetrieb** ist eine große Breite unangenehmer als ein langer Wohnwagen. Man ist mit einem 2,50 m breiten Wohnwagen so breit wie ein großer Lastwagen, hat aber im Unterschied zum LKW eine viel schlechtere Übersicht.

Beim **Rangieren** ist es umgekehrt: Hier verlangt jeder Meter Gesamtlänge zusätzliche Aufmerksamkeit und reduziert ggf. sogar die Stellplatzwahl auf dem Campingplatz.

Mein Fazit lautet daher: Suchen Sie sich Ihren Wohnwagen zuerst nach der passenden Außenlänge aus – und wenn es dann verschiedene Breiten gibt, wählen Sie die breite Variante nur dann, wenn Sie nicht die Ambition haben, mit dem Gespann häufig unterwegs zu sein.

Gesamtgewicht

Mittlerweile wird nicht mehr das Leergewicht des Wohnwagens angegeben, sondern die **Masse im fahrbereiten Zustand.** Diese Angabe ist relativ genau und beinhaltet eine Grundfüllung von Gas und Wasser.

Die Differenz zum **technisch zulässigen Gesamtgewicht** verbleibt als mögliche **Zuladung.** Diese sollte mindestens 200 kg betragen, was im Normalfall reicht. Wer viel Camping- oder Sportausrüstung mitnimmt, ist mit 300 kg Zuladung bes-

OZ3ww Abb.: mz

▲ Klassischer Hubdachwohnwagen „Touring" von Eriba

ser bedient. Das Gesamtgewicht des Wohnwagens sollte die maximal mögliche Anhängerlast des Zugwagens nur zu 80 % ausnutzen, dann hat man noch ein Polster an Steigungen oder bei schwierigen Straßenverhältnissen.

Stützlast

Die Stützlast ist ein sehr wichtiges Kriterium für ein gutes Fahrverhalten des Wohnwagens. Die maximal mögliche Stützlast von Wohnwagen bzw. Anhängerkupplung sollte man unbedingt ausnutzen – im Zweifelsfall eher ein paar Kilo mehr als zu wenig. Der niedrigere der beiden Werte sollte also in jedem Fall erreicht werden. Denn wenn die Stützlast gegen Null tendiert, fehlt ein wichtiges **verbindendes Element** zwischen Auto und Wohnwagen. Der Wohnwagen ist dann „unabhängiger" vom Zugfahrzeug und reagiert viel sensibler auf Seitenwind, Spurrillen und Ausweichmanöver.

Aufbauhöhe

Selbst 10 cm Unterschied in der Höhe des Aufbaus verursachen hinsichtlich der Fahrdynamik bereits deutliche Unterschiede. Nicht nur der **Windwiderstand** verringert sich bei niedrigen Wohnwagen, sondern auch der **Schwerpunkt** wandert nach unten. Flache, niedrige Hubdachwohnwagen, bei denen das Dach im Fahrbetrieb einklappbar ist, laufen aus diesen Gründen sehr angenehm hinter dem Zugfahrzeug hinterher.

Das Gegenteil bilden hohe Wohnwagen, die – verschärft noch z. B. durch Markise, Dachklimaanlage oder volle obere Staufächer – einen höheren Schwerpunkt aufweisen. Ein derartiger Wohnwagen reagiert deutlich empfindlicher und unangenehmer auf Spurrillen, Seitenwinde oder (abrupte) Lenkmanöver.

Fahrwerk

Da man sich im Wohnwagen während der Fahrt nicht aufhalten darf, spielt der Fahrwerkskomfort eine untergeordnete Rolle. Die Fahrwerkskonstruktion der Wohnwagen ist oftmals sehr einfach. Immerhin haben aber fast alle Wohnwagen serienmäßig Stoßdämpfer.

Ein wesentlicher Unterschied beim Fahrwerk besteht in der **Anzahl der Achsen.** Kleine und leichte Wohnwagen haben ausschließlich eine Achse. Bei Aufbaulängen zwischen 6 m und 7 m findet man sowohl Wohnwagen mit einer Achse (Monoachse) als auch mit zwei Achsen (Tandemachse), wobei sich diese Grenze bei neuen Wohnwagen weiter zugunsten der Monoachser verschiebt. Heute gibt es bereits stattliche Wohnwagen mit 2000 kg zulässigem Gesamtgewicht und 6,50 m Aufbaulänge mit nur einer Achse.

Monoachse	Tandemachse
Günstigere und leichtere Bauweise	Zusätzliche Achse wiegt etwa 100 kg
Auch große Wohnwagen sind damit heute sicher	Noch höhere Sicherheit, z. B. bei Reifenpannen
Lässt sich leichter rangieren	Höhere Zuladung
Drehung auf der Stelle ist mit elektrischem Zusatzantrieb möglich	Sinkt bei weichem Boden nicht so schnell ein
Gibt Rückmeldungen des Fahrbahnzustandes an das Auto	Gleicht kurze Unebenheiten wie Gräben und Schlaglöcher gut aus
	Steht auch ohne Stützen schon relativ stabil

Gespann

Bevor der Wohnwagen an das Fahrzeug gekuppelt wird, sollte man sich kurz bewusst machen, ob man auch die entsprechende Fahrerlaubnis für das Gespann besitzt.

Ankuppeln

Bei leichteren Wohnwagen genügt es, mit dem Fahrzeug bis auf etwa einen Meter an die Anhängerkupplung heranzufahren und dann den Wohnwagen die letzte Strecke zu schieben, bis

Führerscheinregelung

Solange die zulässige Gesamtmasse aus Zugwagen und Wohnwagen unter 3500 kg liegt, genügt der Führerschein Klasse B. (Bei leichten Anhängern bis 750 kg darf das Zugfahrzeug alleine bis 3500 kg zulässiges Gesamtgewicht haben.) Falls die zulässige Gespannmasse darüber liegt, benötigt man einen Führerschein der Klasse BE. Die alte Führerscheinklasse 3 hat Besitzstandschutz und erlaubt das Führen von Gespannen bis zu einer zulässigen Gesamtmasse von 12.000 kg (Zugfahrzeug alleine bis 7500 kg).

das Kupplungsmaul über die Kugel passt. Bei schweren Wohnwagen oder in schwierigem Gelände muss man mit dem Fahrzeug sehr genau unter die Kupplung fahren.

Dazu ist ein **gutes Verständnis von Fahrer und Einweiser** sehr hilfreich. Mit etwas Übung kann man auch ohne Einweiser und mit mehrmaligem Aussteigen und Nachschauen das Auto zentimetergenau rangieren – aber das dauert länger. Leider kann sich der Einweiser selten in die Bedürfnisse des Fahrers hineinversetzen und auch der Fahrer kennt oftmals die Probleme des Einweisens nicht.

Einweisen üben

Üben Sie mit Ihrem Partner das Einweisen, also sowohl das Ankuppeln als auch das Rangieren mit dem Wohnwagen. So erspart man sich viel Stress und ggf. die eine oder andere Beule – und man zeigt bei der Ankunft auf dem Campingplatz gleich eine gute Teamleistung.

Drei Dinge sollte man beim Einweisen beachten, dann stellt sich schnell Erfolg ein:

- Ein **guter Sichtkontakt** zum Fahrer ist sehr wichtig, am besten auch Hörkontakt. Hierbei ist der direkte Sichtkontakt dem Spiegelsichtkontakt zu bevorzugen, da im Spiegel Details (Handbewegungen usw.) schlechter zu erkennen sind.
- Ist nur noch etwa ein Meter zu rangieren, kann man den Abstand anhand des **Abstands der Handflächen** anzeigen.
- Der Einweiser sollte nur die **Lenkrichtung des Wohnwagens anzeigen,** keinesfalls die Lenkbewegung des Fahrers simulieren. Der Lenkeffekt steht im Vordergrund, daher sollte man es dem Fahrer überlassen, wie er lenken muss.

Langsames Fahren (bis 30 km/h)

Das Wichtigste vorab: Stellen Sie sich die Spiegel richtig ein. Im rechten Spiegel sollten Sie das Wohnwagenrad sehen. Der rechte normale Außenspiegel kann etwas heruntergeschwenkt werden, dann sieht

Das Gespann

man auch in scharfen Rechtskurven das hintere Wohnwagenrad. Das ist wichtig und hilft, einen von drei klassischen Anfängerfehlern zu vermeiden:

- Man nimmt in der **Rechtskurve** Randsteine, Schilder oder Zäune mit, weil der Wohnwagen einen engeren Radius fährt als das Auto. Der Wohnwagen fährt bei starkem Lenkeinschlag ein bis zwei Meter weiter innen als das Auto! Die richtige Einstellung des Spiegels und der Blick in denselben helfen hier viel.

- Zweiter Fehler: Durch das **Ausschwenken des Hecks** streift der Wohnwagen in engen Kurven mit der kurvenäußeren hinteren Seite an Hindernissen. Achten Sie darauf, dass Sie bei engen Kurven genügend Abstand zu Hindernissen auf der kurvenäußeren Seite haben. Je nach Wohnwagenlänge kann der Wohnwagen hinten ein bis eineinhalb Meter ausschwenken!

- Seltenerer Fehler, dafür umso schlimmer: Man bleibt mit dem Wohnwagen in zu niedrigen **Unterführungen** hängen oder kratzt mit der oberen rechten Wohnwagenecke an Vorsprüngen, Ästen oder Gebäudeteilen. Man fühlt während der Fahrt nur die geringen Automaße, darf aber nie vergessen, dass man einen großen und breiten Schrank hinter sich herzieht.

Genaues Fahren ohne Einweiser

Wenn nur noch wenige Zentimeter rückwärts fehlen, merken Sie sich den fehlenden Abstand. Fahren Sie mit offener Fahrertür und übertragen Sie den Abstand gedanklich auf auffällige Bodenmarken, die sie dann nur noch abfahren müssen.

Starke Gefälle sollte man nie schneller als 30 km/h fahren. Bei dieser Geschwindigkeit kann der Motor die größte Bremsarbeit übernehmen, indem in den ersten Gang zurückgeschaltet wird. Bei langen Gefällen empfiehlt sich, eine Kühlpause für die Wohnwagenbremsen einzulegen, da diese die ganze Fallstrecke anliegen und sehr heiß werden können –

was die Bremsleistung wiederum deutlich vermindert.

Gespann fahren sollte wie Bahn fahren sein: Urlaub von Anfang an. Entspannte Geschwindigkeit, im Verkehr mitschwimmen, öfters Pausen machen – man hat ja Bett, Kühlschrank und Toilette dabei. Wenn es eng wird: Ruhe bewahren. Bei Unsicherheit auch mal lieber stehen bleiben, aussteigen und sich die Lage anschauen. Das hält viel weniger auf, als wenn man irgendwo mit dem Gespann aneckt und den Verkehr dann deutlich länger behindert.

Das Fahren des Gespanns sollte man genießen. Denn mit einem Gespann hat man nicht den Druck, auf den Straßen der Schnellste zu sein. Man hat vielmehr genügend Zeit, um die Landschaft zu genießen. Das Fahrtempo ist gleichmäßiger und entspannter.

Fahren mit über 30 km/h

Normale Überlandfahrten sind mit dem Wohnwagen eine unkritische Angelegenheit. Es ist jedoch zu beachten, dass man in jedem Fall mehr Sicherheitsabstand zum Vordermann hält als ohne Wohnwagen und die Höchstgeschwindigkeit nicht überschreitet. Fahren Sie flüssig im Verkehr mit, pflegen Sie einen **defensiven Fahrstil** – so kommt man relativ

💡 Ausscheren des Hecks

Ein recht häufiger Unfallschaden sind Beschädigungen des Hecks, wenn man scharf abbiegt. Deshalb solle man darauf achten, dass man beim Abbiegen auf der Kurvenaußenseite genügend Platz hat, damit das ausscherende Heck nirgendwo aneckt. Dieser Effekt des Ausscherens wird noch dadurch verstärkt, dass der Wohnwagen beim scharfen Einlenken erst einmal in die Gegenrichtung lenkt und dann umso schärfer dreht. Außerdem kann man das Ausscheren des Hecks nicht im Spiegel kontrollieren. Deshalb ist es ratsam, bei scharfen und engen Kurven lieber einen Einweiser aussteigen zu lassen - oder selber ab und zu einen Kontrollgang zu machen.

💡 Gespanntraining auf einem Verkehrsübungsplatz

Hier lernt man Rückwärtsfahren, Einparken, Slalomfahren, Ausweichmanöver, Bremsen bei Nässe und das Zurücksetzen in eine Einmündung. In der Gruppe macht das auch mehr Spaß und viele der Situationen kann man alleine auf einem Parkplatz nicht üben.

▲ Gespann auf Reise

stressfrei und doch recht flott und vor allen Dingen sicher voran.

Beim **Überholen** rechnet man am besten mit der dreifachen Überholzeit. Falls Sie früher mal ein untermotorisiertes Fahrzeug gefahren haben, erinnern Sie sich bestimmt daran, dass Sie vor dem Überholvorgang größeren Abstand zum Vordermann gehalten haben, um diesen Platz dann sozusagen als Beschleunigungsstrecke zu nutzen. Solange man beim Überholen im Windschatten des vorausfahrenden Fahrzeugs liegt, zieht der Sog das Gespann an das zu überholende Fahrzeug. Wenn man den Windschatten dann verlässt, gelangt man mit dem Gespann normalerweise in leichte Turbulenzen. In dieser Situation sollte man alle Fahrmanöver besonders ruhig und weich ausführen sowie hektische Lenkbewegungen vermeiden.

Beim Überholen ist es daher wichtig, **genügend Seitenabstand** zu halten. Deshalb sollte man auf der Autobahn beim Überholen möglichst weit links fahren. Wenn einen hingegen ein Bus oder LKW überholt, sollte man sich dementsprechend möglichst weit rechts halten.

Schon für Solofahrzeuge **schwierige Verhältnisse,** z. B. Glätte, schlechte Sicht, enge Fahrbahnen, böige Winde, wirken sich auf das Gespann noch negativer aus. Hier gilt es, langsamer zu fahren und den Abstand zu vergrößern. Vorher sollte man die dann notwendige Fahrzeugtechnik in guten Zustand gebracht haben:

- Scheiben sauber (außen und innen), Wasser aufgefüllt, Scheibenwischer in gutem Zustand
- Reifenprofil und Reifendruck überprüft
- Spiegel sauber und richtig eingestellt
- Stützlast richtig eingestellt

Wenn der Wohnwagen **ins Schlingern kommt,** kann man durch beherztes, scharfes Bremsen das Gespann stabilisieren. Damit das Gespann zu schlingern aufhört, muss es schnell 20 km/h an Geschwindigkeit verlieren.

Wenn der Wohnwagen **ins Rutschen kommt:** Keine hektischen Brems- oder Lenkmanöver durchführen, sondern Ruhe bewahren. Meist versetzt es den Wohnwagen nur um einen Meter, dann wird die Rutschbewegung durch die Verbindung zum Fahrzeug automatisch gestoppt. Wenn sich das Gespann stabilisiert hat, sollte man sachte bremsen und mit reduzierter Geschwindigkeit weiterfahren.

Rangieren und Parken

Es gibt Stellplätze, die sind so schwer zu erreichen, so abschüssig und so verwinkelt anzufahren, aber auch so grandios, dass es einfach keine Alternative zu ihnen gibt. In Gedanken wird dann ein Weg für den großen weißen Kasten ausgearbeitet, zwischen

Das Gespann

Einschiffen auf Fähren

Wie das Rangieren auf dem Campingplatz ist auch das Einfahren auf die Fähre ein Moment der Anspannung. Kurze, steile Auffahrten, Nässe, glatte Böden, enge Gassen, Höhenhindernisse und ungeduldiges Personal kommen hier zusammen. Behalten Sie die Ruhe und die Übersicht, lassen Sie die Scheiben herunter, um Geräusche besser zu hören, fahren Sie langsam und lassen Sie Ihren Mitfahrer bei besonders kritischen Stellen aussteigen und zusätzlich schauen.

Baumreihen hindurch, um Mäuerchen oder Felsen herum und über weichen Boden. Schließlich hat man den Traumplatz mit Meeresblick und Sonnenuntergang ganz für sich allein.

Für jeden Rangiervorgang gilt es zu beachten, dass ein Gespann **sechs kritische Ecken** aufweist: Alle vier Ecken des Wohnwagens und die beiden vorderen Ecken des Zugfahrzeugs. Mit allen sechs Ecken kann man beim Rangieren anstoßen (mit den hinteren Autoecken stößt man quasi nie an) – die Wohnwagenecken sind zudem noch oben und unten gefährdet. Wenn man sich dieser neuralgischen Punkte bewusst ist, hat man schon den wichtigsten Schritt getan, um unfallfrei auch unter schwierigen Verhältnissen einzuparken.

Der **Perfektionist** beherrscht beim Rangieren das Wechselspiel von Gas, Bremse, Lenkeinschlag

▼ *Mit der Fähre über einen Schweizer See*

und wechselnden Spiegelblicken. Er nimmt die Kommentare des Einweisers wahr, registriert den Gespannwinkel und beachtet neben all diesem die Umgebung.

▲ Extra schmaler Wohnwagen der Firma KIP

Fazit: Das Bewusstmachen der Abläufe beim Rangieren und simple Übung entschärfen diesen schwierigen Punkt des Gespann-fahrens.

Rückwärtsfahren

Beim Rückwärtsfahren sollte man stets langsam fahren, aber das **Lenkrad schnell drehen,** weil sonst der Anhänger nur äußerst träge auf Lenkbewegungen reagiert. Wenn man beim Rückwärtsfahren stark vom Kurs abweicht, sollte man das Gespann besser durch eine kurze Vorwärtsfahrt wieder ausrichten. Das ist kein

> **Geradeaus rückwärts fahren**
>
> *Beim geraden Zurücksetzen kann eine kleine Merkregel helfen: Immer in die Richtung lenken, in die der Wohnwagen gerade ausbrechen will. Oder anders ausgedrückt: Der Wohnwagen erscheint mit seiner Seitenfläche in einem der beiden Seitenspiegel? Dann einfach genau in die Richtung dieses Seitenspiegels gegenlenken - und das Gespann fährt wieder geradeaus.*

Gleiche Breite – unterschiedliche Fahrtechnik

LKWs und breite Wohnwagen sind mit 2,50 m gleich breit. Dennoch unterscheidet sich das Fahrverhalten stark. Beim LKW sind Zugfahrzeug und Anhänger gleich breit, was das Fahren angenehmer macht. Das LKW-Anhängerheck schert zudem in Kurven nicht zum Kurvenäußeren aus. Der normale LKW-Anhänger (Drehschemel-Anhänger) läuft viel präziser dem Zugfahrzeug mit fast dem gleichen Kurvenradius hinterher. Außerdem sind die Spiegel am LKW größer und bieten eine bessere Übersicht. Weiterer Vorteil: Beim Rückwärtsfahren mit LKW-Anhänger muss man beim Lenken nicht umdenken. Bei linkem Lenkerausschlag fährt auch der Anhänger nach links, gerade umgekehrt verhält es sich beim Wohnwagengespann.

Zeichen der Schwäche, man kommt damit einfach schneller ans Ziel, als wenn man mit einem verzweifelten Manöver eine verfahrene Situation noch zu retten versucht.

Es ist überaus ratsam, das Rückwärtsfahren zum Beispiel sonntags **auf einem leeren Supermarktparkplatz zu üben.** Beginnen sollte man damit, einfach rückwärts geradeaus zu fahren. Wenn man alte Pappkartons (z. B. Umzugkartons) mitnimmt, kann man anschließend auch das Fahren um eine Kurve üben. Die Pappkartons fungieren dann als Platzhalter für Randsteine oder für parkende Autos.

Beim Rückwärtsfahren kann der **Anhänger nicht direkt gelenkt** werden, sondern nur indirekt über den Winkel zwischen Zugwagen und Wohnwagen. Sehr schnell merkt man auch, dass man mit dem Fahrzeug genau in die andere Richtung lenken muss, in die der Wohnwagen fahren soll. Das geht aber bald in Fleisch und Blut über.

Beim Rückwärtsfahren ist es aus all diesen Gründen besonders hilfreich, wenn eine zweite Person das Manöver beaufsichtigt. Damit kann man viele Unfälle und Überraschungen vermeiden. Von der oben geschilderten Theorie soll man sich jedoch nicht abschrecken lassen. Mit ein wenig Übung kann man auch knifflige Situationen souverän meistern – und dann macht das Rückwärtsfahren durchaus auch Spaß.

Fahren im Winter

Wenn man im Winter mit dem Wohnwagen in schneereiche Gebiete fahren will, sind **gute Winterreifen für das Zugfahrzeug** Pflicht. Schließlich muss der Anhänger mit beschleunigt und auch teilweise mit gebremst werden. Am Wohnwagen selber ist man natürlich auch mit Winterreifen auf der sicheren Seite, allerdings ist die Bremswirkung der Wohnwagenbremse meist geringer, sodass ein

▼ *Einfahrt in den Nordkap-Tunnel im Februar*

028ww Abb.: mz

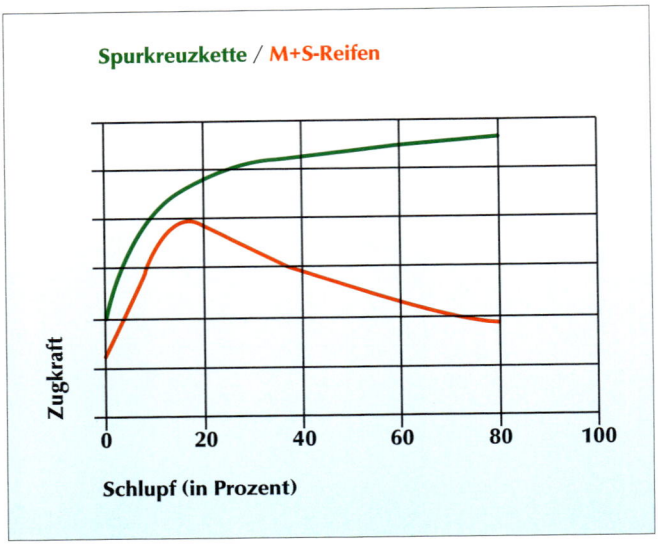

Spurkreuzkette / M+S-Reifen

Zugkraft

Schlupf (in Prozent)

▲ *Die Wirksam-*
keit von Schnee-
ketten setzt eine
höhere Radge-
schwindigkeit als
die Fahrgeschwin-
digkeit voraus –
ein Zustand, der
am Wohnwagen-
rad nicht erreicht
wird. Schneeketten
sind daher an
Wohnwagenreifen
überflüssig.

Blockieren der Wohnwagenreifen bei vorsichtiger Fahrweise eigentlich ausgeschlossen werden kann.

Viele Winterfahrer kommen dann auch mit guten PKW-Winterreifen und Wohnwagensommerreifen relativ sicher ans Ziel. Ein guter Kompromiss und für Skandinavien im Winter auch Vorschrift ist die Montage von M+S gestempelten **Ganzjahresreifen am Wohnwagen.** Da sich das Profil von Wohnwagenreifen nur minimal abfährt und das Alter der Reifen den Wechsel bestimmt, ist man mit Ganzjahresreifen auf dem Wohnwagen sehr gut bedient.

Schneeketten machen nur am Zugfahrzeug Sinn. Sie greifen bei zunehmendem Radschlupf besser, eine Antischlupfregelung oder ein Stabilitätsprogramm sollten also deaktiviert werden. Am Wohnwagen machen Schneeketten keinen Sinn, da die Räder nicht angetrieben werden.

Der wohl schwierigste Fall dürfte das **Befahren einer glatten Steigung** sein, die man dann aber aufgrund der hohen Glätte nicht schafft. Das Gespann kommt in der Steigung mit durchdrehenden Reifen zum Stillstand und da sich die Wohnwagenbremse im Stand nicht vom Auto aus aktivieren lässt, müssen die vier Autoreifen alleine das Gespann am Berg halten. Um nicht in diese Situation zu kommen, sollte man steile, glatte Berge nicht mit Schwung anfahren und sich stattdessen langsam herantasten.

Die weit verbreitete Furcht, das Gespann könnte auf Glätte zum unkontrollierbaren Spielball der Elemente werden, ist demnach unbegründet. Bei vorsichtiger Fahrweise sind bis auf starke Steigungen nahezu die gleichen Strecken möglich wie mit dem Auto alleine.

▼ Einsamer Stellplatz im Winter am nördlichsten Punkt der Vesteraleninseln (Norwegen)

Das Gespann

029ww Abb: mz

Funktionen des Wohnwagens

Es ist für die Wahl des richtigen Wohnwagens wichtig zu verstehen, welche Funktionen ein Wohnwagen erfüllen kann, sich dann die nötigen und gewünschten Funktionen herauszusuchen und danach den Wohnwagen auszuwählen.

Die **Grundfunktionen** sind Schlafen, Transportieren, Wohnen, Essen, Kochen und Kühlschrank. **Zusatzfunktionen** können Toilette, Heizen, Waschen, Duschen, Fernsehen, Backen oder Klimatisierung sein.

Es macht daher Sinn, sich vorher klar zu werden, welche Funktionen man unbedingt abdecken möchte und welche man nicht benötigt oder vielleicht auch gar nicht haben will. In der Vergangenheit war das Thema Toilette z. B. umstritten. Viele schätzten den Komfort, die Hygiene und die Intimsphäre der eigenen Toilette, andere lehnten den technischen Aufwand, den Fäkalientransport und dessen Entleerung grundsätzlich ab. Zudem beurteilen sie den Toilettenraum, der für gerade einmal 30 Minuten am Tag genutzt wird, als verschenkten Wohnwagenplatz. Heute findet die Toilette im Wohnwagen – insbesondere aufgrund der problemlosen Handhabung – große Akzeptanz bei den Wohnwagenbesitzern.

> **Enge im Wohnwagen**
> *Für längere Aufenthalte im Wohnwagen ist es günstig, wenn der Wohnwagen über ein paar mehr Sitzplätze verfügt als Bewohner an Bord. An einem Regentag oder an langen Abenden kann der Platz gewechselt werden. Wenn dann noch ein oder mehrere Festbetten bereitstehen, kann auch ein längerer Aufenthalt im Wohnwagen sehr erholsam sein.*

Schlafen

Ein erholsamer Schlaf ist im Urlaub von großer Wichtigkeit. Insbesondere auf Kurztrips, während derer man dem Alltag für zwei bis fünf Tage entflieht und eher unausgeschlafen als ausgeschlafen in den Miniurlaub startet, ist ein guter und reichlicher Schlaf ein ganz **wichtiges Kriterium.** Man will am Ende des Urlaubs schließlich ausgeschlafen und mit aufgetankten Batterien wieder in den Alltag starten. Und was gibt es Schöneres, als sich bei aufkommender Müdigkeit tagsüber spontan in ein weiches, gemütliches Bett zu legen und so lange zu schlafen, bis man von alleine wieder aufwacht?

Heute ist eine räumliche Trennung der Generationen beim Schlafen der Normalzustand. Auch Erwachsene schlafen – außer mit dem Partner – nicht mehr im selben Raum. Im Wohnwagen wird **das Schlafen von mehreren Menschen in einem Raum** wiederbelebt. Diese alte Schlafkultur, bei der Eltern und auch ältere Kinder in einem Raum nächtigen, vielleicht sogar zusammen mit Freunden oder Verwandten, schafft eine eigene Verbundenheit.

Im Wohnwagen lassen sich **zwei Betttypen** mit unterschiedlichen Vor- und Nachteilen unterscheiden: Umbaubetten, die am Tag noch eine Sitzfunktion erfüllen, und Festbetten, die einzig dem Liegen und Schlafen dienen.

Umbaubetten

In der geschickten **variablen Nutzung** von verschiedenen Wohnfunktionen auf derselben Fläche ist die Kompaktheit der Caravans begründet. Die Möbel werden teilweise mehrfach genutzt, sodass man mit vielen Leuten einen kompakten Wohnwagen bewohnen kann. So ist nahezu jede Sitzecke im Wohnwagen als Bett umzubauen. Die übliche Fläche von 1,40 m x 2 m ist untertags Sitz-, Ess- und Aufenthaltsecke und nachts ein Doppelbett. Nachdem der Mensch nicht gleichzeitig an der Sitzgruppe essen und im Bett schlafen kann, lassen sich diese beiden Funktionen tatsächlich sinnvoll räumlich an derselben Stelle unterbringen.

Allerdings sollte man sich auch der **Nachteile** von Umbaubetten bewusst sein:

- Der Wechsel von Sitzen und Schlafen benötigt immer etwas **Umbauarbeit und Umbauzeit.** Als schnelle Umbauzeit – sodass man zügig zwischen Bett und Sitzgruppe wechselt, weil man sich z. B. nachmittags ein Nickerchen genehmigen möchte – würde ich 15 Sekunden Umbauzeit als akzeptablen Wert veranschlagen. Das erscheint zwar sehr kurz, entspricht aber z. B. auch der Aufbauzeit von modernen Faltfahrrädern. Als unerfahrener Camper ist man geneigt zu sagen, dass zwei Minuten Umbauzeit auch noch akzeptabel seien, schließlich habe man ja Urlaub. Aber die Erfahrung zeigt, dass man in zwei Minuten Umbauzeit, die sich ja beim Rückbau auf vier Minuten summiert, nicht eben mal Bett und Sitzgruppe umbaut. Im Gegenteil, selbst das einmalige Umbauen morgens und abends wird bei insgesamt ca. fünf Minuten Unbauzeit schnell als lästig empfunden.

  Aber wie lang sind die Umbauzeiten in der Realität? Im günstigsten Fall, bei gut passenden Polstern, bei schneller Tischverstellung, bei bereitliegendem Bettzeug und wenn jeder Handgriff sitzt, kann der Umbau in einer Minute erfolgen. Es gibt jedoch leider auch aufwendige Umbaubetten (Einbau von Zusatzpolstern, Verstauen von unpassenden Polstern usw.), für die man mehrere Minuten veranschlagen muss. Daher sollte man vor dem Kauf den Umbau unbedingt ausprobieren und einem Erwerb kritisch gegenüberstehen, wenn der Wechsel zwischen Bett und Sitzgruppe nicht einfach und schnell von der Hand geht.

- Insbesondere bei der **Nutzung des Wohnwagens mit mehreren Personen** sind die Funktionen Sitzen und Schlafen nicht mehr vollständig getrennt. So kann es sein, dass einige Familienmitglieder noch sitzen möchten, während andere schon ins Bett wollen. Wenn man zwei Sitzgruppen hat, kann man das kompensieren, indem man den Umbau zeitlich versetzt angeht. So können in der Übergangszeit die Kinder z. B. schon schlafen und die Erwachsenen noch sitzen.

- Ein weiterer problematischer Aspekt bei Umbaubetten ist die **Doppelverwendung der Polster.** So müssen Sitzpolster ganz anders konstruiert sein als Schlafpolster.

Die Anforderungen an die Polsterhärte, die Formgebung und den verwendeten Unterbau sind völlig unterschiedlich bei Bett- und Sitzpolstern. Daher ist die Verwendung derselben Polster zum Sitzen und zum Schlafen ein Kompromiss hinsichtlich beider Funktionen. Die Kompromissfindung kann beim Sitzen noch hingenommen werden, stellt jedoch beim Schlafen, insbesondere für rückenempfindliche Naturen, ein größeres Problem dar. Aus diesem Grund sollte man bei Umbaubetten auf eine ebene und nicht zu harte Polsterlandschaft achten.

Festbetten

Bei Festbetten liegen die Vorteile klar auf der Hand. Ein Festbett steht immer ohne Umbauzeit bereit – und die Sitzecke ebenfalls. Das Festbett wird nur als Liegefläche verwendet und kann daher optimal konstruiert werden. Trotzdem ist es ratsam, die Qualität der Ausführung zu prüfen, denn mit Pseudo-Lattenrosten und billigen Schaumstoffmatratzen wird manchmal dieser Vorteil des Festbettes zunichte gemacht.

Umbauzeit verkürzen
Wenn man ein Umbaubett benutzt, lohnt es sich, sich darüber Gedanken zu machen, wie man den zeitlichen Aufwand minimieren könnte. Beispielsweise kann man den Spannbettbezug an einer Seite der Sitzfläche eingehängt und Kopfkissen und Zudecke in unmittelbarer Nähe bereit liegen lassen. Ein weiterer Tipp ist die Einrichtung einer Ablage, auf der man die Utensilien des Tisches schnell verstauen kann.

▶ Komfortable Einzelbetten für Getrennt-Schläfer

©2eww Abb.: pk

Generell müssen die **Bettmaterialien** im Wohnwagen viel leichter sein als die daheim verwendeten. Eine 40 kg schwere Futon-Matratze mit schwerem Lattenunterbau und Bettgestell ist im Wohnwagen nicht denkbar.

Der einzige Nachteil von Festbetten ist der hohe Platzbedarf. Bei Längsbetten steigt die Außenlänge gleich um zwei Meter, bei einem Doppelquerbett immer noch um 1,40 Meter.

Festbett mit Zusatznutzen

Achten Sie auf ein hochwertiges Festbett im Wohnwagen und planen Sie lieber Zusatzfunktionen in und um das Bett ein, um die Nutzungsbandbreite über das reine Schlafen hinaus zu erweitern. Möglichkeiten für eine weitere Nutzung: gemütliche Sitzpolster und Lampen zum Lesen oder Fernsehen, ein Klapptisch, an dem man auf dem Bettrand sitzen und arbeiten, essen, schreiben oder basteln kann. Das Bett kann aber auch ein toller Spiel- und Tobebereich für Kinder sein.

Transportieren

Normalerweise würde man den Transport nicht als eine der wesentlichen Funktionen des Wohnwagens sehen. Doch bereits nach wenigen Monaten als Camper hat man so viel **Zubehör angesammelt** (Campingtisch, Stühle, Geschirr, Töpfe und Besteck, Bettzeug und Essensvorräte), dass der PKW-Kofferraum alleine mit den Sachen überfordert wäre.

Wenn dazu noch der Grill, die Fahrräder, das Schlauchboot, das Surfbrett, andere Sportgeräte, Kinderspielzeug oder ein Vorzelt kommen, wird aus dem Wohnwagen schnell auch ein **Transportanhänger.** Es gibt nicht wenige Camper, die auf dem Weg zum Campingplatz ihren Wohnwagen nicht mehr nutzen können, da das Urlaubsequipment in Gang, Bad und sogar auf den Betten des Wohnwagens zwischengelagert ist.

Haushaltsgegenstände

Der Wohnwagen sollte über die nötigsten Haushaltssachen verfügen. Diese verbleiben am besten immer im Wohnwagen. Man erspart sich auf diese Weise aufwendiges Ein- und Ausräumen.

Wenn man bisher im Urlaub gezeltet hat, kommt man mit relativ wenigen Gegenständen schon recht weit. Allerdings verleitet der Platz im noch leeren Wohnwagen schnell dazu, die Ausstattung aufzurüsten. Die vorhandene Besteckschublade will schließlich gefüllt werden und der Schlafsack vom Zelten wird nun nicht mehr als adäquat für das schöne neue Doppelbett empfunden. Das reichhaltige Angebot der Zubehörfirmen tut hier sein Übriges. Mit gesundem Menschenverstand seine Ausrüstung zusammenstellen, ist gar nicht so leicht. Daher stellen die meisten Camper nach einiger Zeit fest, dass sie vieles im Wohnwagen mitschleppen, was sie eigentlich nie brauchen.

Ebenfalls nicht zu vernachlässigen ist das **Gewicht** der Haushaltsgegenstände. Bei normalem

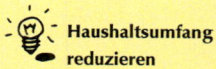

Haushaltsumfang reduzieren

Für manche ist Camping ein Hobby, für andere nur Mittel zum Zweck. Erstere neigen dazu, sich eine (zu) umfangreiche Ausstattung anzuschaffen. Mein Resümee aus 30 Jahren mit Zeltanhänger, Wohnwagen, Wohnmobil, Motorradzelturlaub und jetzt wieder Wohnwagen lautet: Weniger ist mehr. Je mehr man hat, desto mehr muss man pflegen, nutzen, reinigen, einräumen, ausräumen und sichern. Irgendwann ist man nur noch der Sklave seines ganzen Gerümpels.

Packstress vermeiden

Je mehr Urlaubssachen bereits im Wohnwagen fest verstaut sind, sozusagen zum Wohnwagen-Haushalt gehören, desto geringer fällt der Packstress aus. Viel schneller und spontaner kann man dann auch einmal über das Wochenende wegfahren.

Umfang kann man etwa 25 kg pro Person rechnen. Und hierbei sind keine persönlichen Dinge wie Kleidung oder Essen mit eingerechnet.

Persönliche Gegenstände

Neben der Grundausstattung des Wohnwagens nimmt jede Person ihre persönlichen Sachen mit. Um beim Wochenendtrip, beim großen Sommerurlaub oder für die Winterferien nichts zu vergessen, sollte man eine **Checkliste** zusammenstellen. Bei aller Individualität wird jeder Camper die folgende Grundausrüstung benötigen.

- ❏ **Kartenmaterial und Literatur:** Landkarten, Reiseliteratur, Campingplatzführer, Roman
- ❏ **Dokumente:** Pässe, Führerschein, Fahrzeugpapiere, Geld, EC-Karte, Kreditkarte, vorbestellte Tickets (Campingplatz, Fähre usw.), Krankenkassenkarten, Impfpass für Kinder
- ❏ **Elektronische Geräte:** Handy, Fotoapparat, Musikgeräte, Laptop, Fernseher
- ❏ **Gesundheit und Erste Hilfe:** wichtige Medikamente und Notfallausrüstung
- ❏ **Hygieneartikel:** Seife, Shampoo, Zahnbürste und Zahncreme, Hautcreme, Make-up, Binden oder Tampons, Rasierapparat, Deodorant, Sonnenmilch, Handtücher, Toilettenpapier, Nagelschere, Badeschlappen, Bademantel
- ❏ **Waschen und Putzen:** Spülmittel, Küchenhandtücher, Wanne oder Eimer, Spülschwamm oder Tuch, Kehrbesen und Schaufel, Schuhputzzeug, Abfalltüten, Schmutzwäschesack
- ❏ **Utensilien für die Nacht:** Kerzen, Decken mit Bettbezug, Kopfkissen, Bettlaken oder Spannbettbezug, Taschenlampe

Fahrräder

Für den Transport von Fahrrädern gibt es mehrere Möglichkeiten. Je nach Fahrzeug und Wohnwagen lassen sich allerdings nicht alle realisieren.

- **Auf dem Autodach:** Funktioniert gut bei nicht zu hohen Autos. Von Vorteil ist hierbei, dass man die Räder am Urlaubsort auch mit dem Zugfahrzeug allein transportieren kann.
- **Am Heck des Autos:** Ist nur bei Kombis bzw. Vans möglich. Guter Platz.
- **Auf der Deichsel:** Die Deichsel muss hierfür lang genug sein. Max. zwei bis drei Fahrräder können so transportiert werden. Der Zugang zum Gaskasten wird jedoch in jedem Fall erschwert.
- **Im Wohnwagen:** Sehr gute Option – wenn man eine separate Garage hat. Im Gang stehend oder auf dem Bett liegend stellt diese Unterbringung einen großen Kompromiss hinsichtlich der Nutzungsmöglichkeit des Wohnwagens während der Anreise dar.
- **Am Heck des Wohnwagens:** Aus fahrdynamischen Betrachtungen sehr ungünstiger Platz für schweres Gepäck. Daher sollte man maximal zwei leichte Fahrräder am Heck anbringen und unbedingt auf ausreichende Stützlast achten.

▼ *Transport von Fahrrädern auf der Wohnwagendeichsel*

030ww Abb.: mz

▶ *Heckträger mit gelösten Fahrrädern*

Motorisierte Zweiräder sind mit dem Wohnwagen nur in einem sehr beschränkten Umfang transportierbar. Ein Mofa oder ein kleiner Roller mögen eventuell noch auf die Deichsel passen, schwere Fahrzeuge ab 100 kg sind aufgrund der beschränkten Zuladung jedoch nicht transportfähig. Ausnahmen sind spezielle Transport-Wohnanhänger wie z. B. der Dethlefs Vari oder der Knaus Yat.

Anhängerkupplungsträger auf der Deichsel

Auf der Wohnwagendeichsel kann eine Kupplungskugel befestigt werden, die einen Fahrradträger für die Anhängerkupplung aufnimmt. Am Urlaubsort kann diese dann an die Anhängerkupplung des Autos umgebaut werden, sodass Fahrradausflüge unabhängig vom Wohnwagen auch weiter weg vom Campingplatz möglich werden.

Boote, Skier, Surf- und Snowboards

Schlauchboote sind ideal für den Wohnwagentransport, denn sie sind nicht allzu schwer und lassen sich klein zusammenlegen. Auch Faltboote fallen in diese Kategorie. Wenn die Paddel zudem zerlegbar sind, findet sich auch dafür leicht eine Unterbringungsmöglichkeit. Ein guter Stauraum für ein Boot samt Zubehör findet sich oft im **Gaskasten** oder in den nach

032vw Abb.: dt

◀ *Wohnwagen*
mit Heckklappe
für Motorrad-
transport

Möglichkeit von außen zugänglichen **Staukästen.** Sperrige Surfbretter, Snowboards oder Skier passen meist noch in die Staufächer unter der Sitzbank oder unter dem Bett.

Wenn man allerdings ein Kanu mit festem Rumpf oder eine Segeljolle mit Rumpf und Mast mitnehmen will, kommt nur das **Wohnwagendach** in Frage. Das Dach sollte dann begehbar sein und über eine Leiter sowie geeignete Verspannmöglichkeiten verfügen. Allerdings ist das trotzdem nur eine bedingt gute Transportoption, denn der Schwerpunkt des Wohnwagens verlagert sich bei einer Beladung des Dachs ungünstig nach oben. Eine alternative Möglichkeit stellt hier das Autodach dar.

Besonders schwere Brocken wie beispielsweise Außenbordmotoren oder Tauchgerät können an speziellen Halterungen und gut festgezurrt im **Mittelgang** des Wohnwagens transportiert werden.

> ### Richtige Beladung
> *Schwere Dinge gehören in die unteren Staufächer des Wohnwagens und möglichst in Achsnähe. Leichte Dinge wie Kleidung kann man in die oberen Staukästen packen. Die Gepäckverteilung sollte links und rechts in etwa gleichmäßig ausfallen. Die richtige Stützlast kann durch eine Gepäckumlage von Gaskasten zu Heckstaukasten oder umgekehrt erzielt werden.*

033ww Abb.: mz

Wohnen

Vor dem Wohnwagen

Normalerweise findet das Wohnen im Urlaub vor dem Wohnwagen statt. Das ist ja auch einer der wesentlichen Vorteile gegenüber dem Hotel oder der Pension. In warmen Urlaubsgegenden wird der Wohnwagen nur mehr zum Schlafen, Umziehen, Fernsehen oder ggf. noch zum Kochen genutzt. Das restliche Leben spielt sich vor dem Wohnwagen ab.

Dazu braucht man drei Dinge: eine gute Sitzmöglichkeit, einen stabilen Tisch und einen wetterfesten Sonnen-/Regenschutz. Gute **Campingstühle** sind heutzutage nicht ganz billig, aber man sitzt dann darin auch wesentlich besser als auf den Sofas im Wohnwagen – es lohnt sich also. Gute **Campingtische** sollten stabil, schnell aufzubauen und nicht zu klein sein. Als **Sonnenschutz** kommen Sonnensegel, Markise oder Vorzelt in Frage. Für viele Camper ist der eigentliche Wohnraum dann auch das

▲ *Herbst-*
stimmung auf
einem fast leeren
Campingplatz
am Staffelsee

82

Vorzelt. Dieser zusätzliche Platz ist – insbesondere bei nicht optimalem Wetter – ein idealer Aufenthaltsraum für Jung und Alt.

Im Wohnwagen

Besonders heimelig ist es im Wohnwagen, wenn es draußen stürmt, regnet oder schneit. Wenn die Gasheizung leise vor sich hinbollert, der warme Tee auf dem Tisch steht, das Licht im Wohnwagen gemütlich gedimmt ist und der Regen auf das Dach tröpfelt, dann kann so ein Wohnwagen eine **urgemütliche Höhle** sein. Wenn das Wetter also aufgrund der Temperaturen oder der Nässe einen Aufenthalt draußen zu ungemütlich macht, wird man sich in den Wohnwagen zurückziehen (müssen).

Es gibt noch einen anderen Grund, dies zu tun, nämlich wenn den Camper abends eine **Mückenplage** heimsucht. Ein Wohnwagen kann diese Insekten normalerweise fernhalten. Alle zu öffnenden Fenster sind in der Regel mit Mückengazen ausge-

◀ *Caravaning mit improvisierter Sitzgruppe*

stattet, sodass trotz des lauen Sommerabends am See der Aufenthalt im Wohnwagen angenehmer ist als davor.

Wintercamping

Wer es nicht selber gemacht hat, kann sich die Freuden des Wintercampings kaum vorstellen. Tief verschneite Landschaften, niedrige Temperaturen, weißer Pulverschnee und eine eindrucksvolle Stille lassen den Camper **in eine andere Welt eintauchen.** Auf dem abendlichen Weg zum Sanitärhaus knirscht nur der Schnee unter den Füßen, alle anderen Geräusche sind gedämpft, der Mond und der reflektierende Schnee tauchen die Landschaft in ein außergewöhnliches Licht. Nach der wohltuend warmen Dusche bekommen die noch leicht nassen Haare auf dem Rückweg kleine Eisklümpchen.

Mit den meisten Wohnwagen kann man heute im Winter campen. Die Heizungen sind stark genug, um auch 40 °C Temperaturunterschied zu überbrücken. Der Frischwassertank für Küche, Bad und Toilette liegt meist vor Frost geschützt im Inneren des Wohnwagens. Kritisch sind jene **Leitungen, die an den Außenwänden oder direkt auf dem Boden entlanglaufen.** Leider verlegen nur wenige

▶ *Winterfahrt auf den Lofoteninseln (Norwegen)*

◄ Langlaufen bis vor die Haustür

Hersteller die Leitungen frostsicher, z. B. direkt an den Warmluftrohren. Wichtig ist, dass zumindest ein Wasserhahn eine frostsichere Zuleitung hat, damit kann man sich gut arrangieren. Auch die zugefrorene Toilettenspülung kann man mit einem kleinen Eimer voll Wasser bestens ersetzen.

Funktionen des Wohnwagens

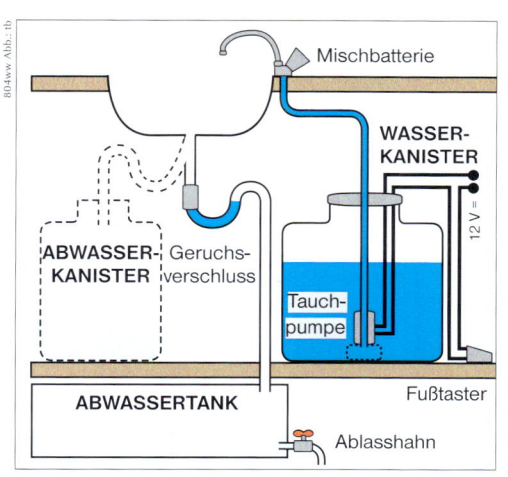

◄ Skizze der Wasserinstallation mit einem innenliegenden, frostsicheren Wasserkanister für den Winterbetrieb (gestrichelt)

Das **Abwasser** wird am besten gleich nach draußen in einen Eimer geführt, den man dann allerdings – bevor sich ein Eisklotz bildet – zeitig entleeren sollte. Eine andere gute Möglichkeit ist es, unter das jeweilige Waschbecken einen Abwasserkanister zu stellen, dann muss man nicht so oft das Wasser entleeren und kann auch mal auf einem Parkplatz den Abwasch erledigen.

Bei der **Gasversorgung** ist darauf zu achten, dass Butan bei leichten Minustemperaturen bereits nicht mehr gasförmig ist. Es ist dann praktisch unbrauchbar und verbleibt in der Gasflasche – außer man heizt diese. Propan dagegen ist bis ca. – 40 °C gasförmig. Die Mischung der beiden Gase in den Campingflaschen ist stark propanlastig, sodass es normalerweise im Winter keine Probleme gibt.

Waschen und Toilette

Wer ausprobiert hat, mit einer Tasse voll Wasser seine Morgentoilette zu bewältigen, der wird dabei meist eines festgestellt haben: Die Dosierung ist das Schwierigste. Wenn man die komplette Menge einer Tasse richtig nutzt, langt diese Menge tatsächlich. Hätte man doch nur einen Hahn, aus dem man das Wasser tröpfchenweise dosieren könnte ...

Nun, glücklicherweise verfügt jeder Wohnwagen über einen solchen Hahn, der das Dosieren erleichtert. Und mit den mindestens 10 l Frischwasser kommt man bei geübtem, sparsamem Gebrauch recht weit.

Zweites Waschbecken?

Jeder Wohnwagen hat heute ein Spülbecken in der Küche mit fließendem Wasser und Abfluss. Zum Zähneputzen und für das morgendliche Waschen würde das vollkommen genügen. Wozu also ein zweites Waschbecken? Auf Campingplätzen benutzt man zudem häufig die Sanitärhäuser. Ich finde, dass man auf das zweite Waschbecken im Bad samt kostenintensiver Installation verzichten könnte. Andererseits braucht es nicht viel Platz – und weil es nun mal da ist, benützt man es auch. Bei mehreren Bewohnern ist es ganz angenehm, wenn man sich in Ruhe in einem abgeschlossenen Raum waschen kann und nicht den Flur blockiert.

Toilette

Die Toilette im Wohnwagen gehört heute zur Standardausrüstung, erbringt sie doch wirklich einen **deutlichen Mehrwert.** Nicht nur für Kinder und ältere Leute ist die stets verfügbare und eigene Toilette ein großer Gewinn. Auch der Erwachsene schätzt beim Halt an der Autobahnraststätte an einem Samstag, dass er nicht mit Hunderten von Bustouristen die wenigen Toiletten teilen muss, ggf. noch mit Anstellzeit und Zusatzkosten.

Die Technik, die Funktionalität und auch der Aspekt der Hygiene sind gut gelöst, sodass die einzige wesentliche Herausforderung in der **Entsorgung des Schwarzwassers,** sprich der Fäkalien, besteht. Für Leute, die damit Probleme haben, hat es sich bewährt, die Toilette nur für das „kleine Geschäft" zu nutzen. Dabei geht auch der manchmal problematische Toilettenpapieranteil, der die Toilettenentleerungsöffnung manchmal verstopft, wesentlich zurück. Das teure Spezialpapier ist in jedem Fall ratsam, das es sich wesentlich besser zersetzt als Normalpapier.

Zweite Kassette

Bei einer vierköpfigen Familie und normaler Toilettenbenutzung ist die Kassette spätestens nach zwei Tagen voll. Eine zweite Toilettenkassette erweitert die Kapazitäten enorm und entschärft die sonst plötzliche und hochdringliche Suche nach Entleerungsstationen im Urlaub, die jeder Camper schon mal erlebt hat.

Toilette mit Duschmöglichkeit

Chemie oder Absaugung

Um eine **Zersetzung der biologischen Stoffe** zu erreichen, kann man entweder chemische Zusätze verwenden oder Sauerstoff zuführen. Im zweiten Fall wird der Tank mit der Außenwelt verbunden. Dies geschieht meist über einen Geruchsfilter mit zusätzlichem Ventilator, der die Gerüche bei Toilettenbenutzung absaugt.

Die **Chemie-Variante ist sehr wirksam,** sowohl das erhältliche biologisch abbaubare Produkt als auch die harte Chemiekeule (blaue Mittel).

Der **Verzicht auf chemische Zusatzstoffe** bei vorhandener Tankentlüftung ist umweltfreundlicher, hat aber zwei Nachteile. Die Zersetzung des Toilettenpapiers und der Feststoffe benötigt mit mindestens zwei Tagen etwas länger und die Geruchsbelastung beim Entleeren des Tanks ist deutlich höher.

Ein **guter Kompromiss** ist z. B. die sehr sparsame Dosierung (z. B. 50 % der empfohlenen Menge) eines umweltverträglichen Mittels in Verbindung mit Belüftung und automatischer Absaugung.

Benutzung der Toilette

Der Fäkalientank und die Toilettenschüssel sind **durch einen Schieber getrennt.** Nun kann man die Toilette sowohl mit offenem als auch mit geschlossenem Schieber benutzen. Herkömmlicher mag die Lösung sein, den Schieber zuzulassen und ihn erst zum Spülvorgang zu öffnen, hygienischer ist jedoch die Methode, den Schieber bereits bei der Benutzung zu öffnen. Der Deckel und die Dichtungen bleiben so sauberer und Spritzeffekte bei der nachträglichen Öffnung entfallen.

Die Chemietoilette lässt sich **bei Verschmutzung** gut mit Toilettenpapier auswischen, das dann gleich heruntergespült werden kann. Die Nutzung von Klobürsten kostet zu viel Wasser, zudem sind Bürsten in der Unterbringung unhygienisch.

Dusche

Die Vorteile und der Komfort einer eigenen Dusche müssen nicht näher beschrieben werden. Leute, die einige Zeit fern der Zivilisation gelebt haben, empfinden die erste heiße Dusche (neben einem weichen Bett) als den größten Luxus nach all den Entbehrungen. In Wohnwagen gehört die Dusche – anders als bei Wohnmobilen – nicht zur Standardausrüstung.

Drei verschiedene Dusch-Varianten sind realisierbar. Außendusche, Duschwanne im Bad und separate Dusche unterscheiden sich hinsichtlich des Platzbedarfs, der Kosten und des Komforts.

● **Außendusche:** Der Wasserhahn im Bad oder in der Küche ist in diesem Fall mit einer Brause und einem Schlauch ausgestattet. Zum Fenster herausgeführt, hat man neben dem Wohnwagen

Funktionen des Wohnwagens

dann fließendes Wasser. Das kann praktisch sein, um schmutzige Gegenstände oder Kinder abzuduschen. Eine zusätzliche Duschbrause kann auch separat hinter einer kleinen Außenklappe eingebaut werden.

- **Duschwanne im Bad:** Das Bad bzw. die Toilette ist zugleich Duschraum. Man könnte also Duschen, während man auf der Toilette sitzt. Das macht man natürlich so nicht. Vielmehr wird beim Duschen das ganze Bad nass oder man schränkt sich mit einem Duschvorhang so weit ein, dass man sich kaum mehr bewegen kann.
- **Separate Dusche:** Die Praxis zeigt, dass eine Dusche nur dann regelmäßig benutzt wird, wenn sie separat ausgeführt ist. Alle anderen Ausführungen lassen dem Camper zwar gedanklich die Möglichkeit, im oder am Wohnwagen zu duschen, in der Realität verzichtet man aber meist darauf bzw. sucht sich einfachere und komfortablere Möglichkeiten, z. B. die Dusche im Sanitärhaus oder in einem Schwimmbad.

Viele Wohnwagenbesitzer lehnen eine separate Dusche im Wohnwagen grundsätzlich ab. Die Wohnwagenindustrie trägt dem Rechnung, indem sie in nur wenigen Modellen separate Duschen vorsieht. Die **Gründe für den Verzicht** sind der hohe Raumbedarf für eine extra Dusche, die Notwendigkeit, größere Mengen Wasser zu transportieren und zu speichern, die energieintensive Erzeugung von Warmwasser und die mögliche Feuchtigkeitsbelastung im Wohnwageninneren.

Zum Thema **Wasserverbrauch** so viel: Mit 5 l warmem Wasser kann ein sparsamer Erwachsener bereits eine „Volldusche" inklusive Haarwäsche bewerkstelligen. Das liegt auch an den im Campingbereich verwendeten **sparsamen Duschköpfen.** Mit ca. 8 l wird das Duschen komfortabler und zusätzliche Wohlfühleigenschaften wie z. B. Aufwärmen kommen neben dem Reinigungsaspekt zum Tragen. Für Kinder sollte man auch besser 8 l einplanen, da der sparsame Verbrauch mit dem Wasser gelernt sein will. Das Argument des höheren Wasserbedarfs ist also richtig, wenngleich man mit einem üblichen 40-l-Tank bereits einige Male duschen kann. Wenn man biologische Seife verwendet, ist man zudem in der **Abwasserentsorgung** flexibler.

Das Duschwasser sollte Körperwärme haben – auch im Sommer. Wenn schon wenig Wasser zur Verfügung steht, dann zumindest in der richtigen Temperatur. Dies kann mit einem Boiler erreicht werden, der entweder **mit Warmluft** (der Heizung), **elektrisch** (220 V) **oder mit Gas** erwärmt wird. Die kostengünstigste Lösung ist die Erwärmung eines kleinen Boilers mit der Warmluft der

Funktionen des Wohnwagens

038ww Abb.: mz

◀ *Gaswasserboiler zur Warmwassererzeugung*

Heizung (z. B. die Truma Therme) oder die Lösung mit einem preiswerten 220-Volt-Boiler. Schneller und autarker funktioniert die Wassererwärmung mit einem Gasboiler, die Kosten dafür sind aber nicht unerheblich. Bei Wohnmobilen ist die Warmwasseraufbereitung meist in die Heizungsanlage integriert, sodass das Warmwasser schon standardmäßig zur Verfügung steht.

Das **Problem des zusätzlichen Platzbedarfs** für eine Dusche ist nicht von der Hand zu weisen. Die Nutzung der Dusche als Trockenraum, Transportraum oder innovativ als klappbarer Kleiderschrank relativiert das etwas.

Fazit: Wer von sanitären Anlagen unbedingt unabhängig sein will, für den kommt nur die Komplettlösung mit Gasboiler, großem Frischwassertank, Abwassertank und separater Duschkabine in Betracht. Wer hingegen die Kosten und den Platzbedarf scheut, sollte auf eine eigene Duschmöglichkeit ganz verzichten. Dann bleibt einem immer noch die Reinigung mit einem Waschlappen.

Kochen

Jeder Wohnwagen hat heutzutage eine Küche. Diese umfasst einige Staufächer und meist eine Besteckschublade, eine Spüle, einen Herd und einen Kühlschrank. Die Bedeutung der Küche wird jedoch meist überschätzt, daher rangiert sie hier ganz hinten unter den notwendigen Funktionen des Wohnwagens. Das wichtigste Utensil einer Küche ist sicherlich der **Kühlschrank.**

Einen größeren Aufwand als die Zubereitung des Essens macht oftmals der Abwasch, denn mit Wasser muss man im Normalfall sparsam umgehen. Wichtig bei der Auswahl der Küche ist das Vorhandensein von **Abstellfläche.**

Typisches Camperessen: Cheeseburger

Funktionen des Wohnwagens

Bei der **Anordnung der Küche** gibt es zwei Möglichkeiten mit jeweiligen Vor- und Nachteilen: Ist die Küche auf der rechten Seite angeordnet, die auch immer die Türseite ist, bekommt der Koch das Geschehen vor dem Wohnwagen durch das Küchenfenster gut mit. Zudem kann das Essen einfach herausgereicht werden. Der Nachteil hierbei, insbesondere bei der Verwendung eines Vorzelts: Die Essensgerüche gehen bei offenem Fenster direkt ins Vorzelt und der Kühlschrank kühlt oftmals schlechter, da die rechte Seite meist die warme Südseite ist. Wenn die Küche in Fahrtrichtung links eingebaut ist, liegen die Vor- und Nachteile entsprechend anders herum.

005ww Abb.: mz

Grundrisse

Wie bekommt man die vorne beschriebenen Funktionen am besten auf die wenigen Quadratmeter Fläche eines Wohnwagens gepackt? Diese Frage beschäftigt seit Jahrzehnten eine Vielzahl von Innenarchitekten, Designern und Ingenieuren. Die Lösung ist meist eine Mischung aus einer Mehrfachnutzung des vorhandenen Raumes und einer sehr ökonomischen Nutzung der Flächen und Volumina des Wohnwagens.

Etwa ein Dutzend verschiedene Grundrisse haben sich in der Praxis bewährt und decken die meisten Kundenwünsche ab. Die Grundrisse werden hier in die drei Gruppen unterteilt, die sich an der Größe des Wohnwagens orientieren: Kleinwagen, Mittelklasse und große Wohnwagen. Ähnlich wie bei modernen Autos sagt jedoch die Größe des Wohnwagens nicht unbedingt etwas über die Qualität und Wertigkeit des Wohnwagens aus – es gibt sehr hochwertige Kleinstwohnwagen und sehr einfache große Standwohnwagen.

Zuerst sollen die Anwender näher betrachtet werden, denn die angebotenen Grundrisse sind meist speziell auf Nutzergruppen zurechtgeschnitten.

▼ Caravaning als Paar

041ww Abb.: pk

Nutzergruppen

Wenn man sich die Wohnwagenbesitzer ansieht, so gibt es bei aller Individualität eigentlich nur **zwei Nutzergruppen: Paare und Familien.** Die Grundrisse werden fast immer auf diese beiden Hauptnutzergruppen zugeschnitten. Heutzutage sind die Grundrisse recht eindeutig einer der beiden Nutzergruppen angepasst, während früher universelle Aufteilungen wesentlich häufiger zu finden waren.

Paar oder Single

Eine sehr große Nutzergruppe sind Paare, denn Paare sind geradezu **für den Wohnwagenurlaub prädestiniert.** Es gibt vom ultrakompakten Wohnwagen mit gerade zwei Schlafmöglichkeiten bis hin zum großen Mehr-Zimmer-Wohnwagen alles, was man noch hinter einem Auto herziehen kann. Ausreichende Kühlschrankgröße, Stauraummenge und Zuladungsmöglichkeit sind in der Regel für zwei Erwachsene immer gegeben.

Hohe Ansprüche an Schlafkomfort, bequemes Sitzen und eine gute Ergonomie der technischen Geräte sind im Normalfall die wichtigen **Kriterien** bei Paaren.

Spezielle **Single-Wohnwagen** gibt es nicht, allerdings erfüllen Paarwohnwagen auch die Ansprüche von Alleinreisenden sehr gut. Ein Doppelbett alleine zu nutzen ist mittlerweile kein verschwenderischer Luxus mehr.

Familie

Familien stellen die **traditionelle Nutzergruppe** von Wohnwagen. Die ersten Wohnwagen wurden gebaut, um die eigene Familie zu fernen Orten mitzunehmen. Bereits mehrere kleine Wohnwagen

Grundrisse

verfügen über vier Schlafmöglichkeiten, Sitzgruppe und Küche. Mit diesen kostengünstigen Wohnwagen können die teuersten Urlaubsposten, Übernachtung und Verpflegung, preiswert gestaltet werden.

Hinzu kommt, dass sich für viele Familien der Campingurlaub als ein guter Kompromiss für die **Wahrnehmung der verschiedenen Interessen** der einzelnen Familienmitglieder herausgestellt hat. Mehr noch, auch mit älteren Kindern und Jugendlichen kann die ganze Familie zusammen Urlaub machen, wobei jedes Familienmitglied andere Schwerpunkte setzen kann. So könnte der älteste Sohn im Urlaub vornehmlich sportlich aktiv sein, der Vater sich faul auf der Campingliege erholen, die Mutter Sightseeing betreiben, während sich die Tochter mit gleichaltrigen Mädchen am Strand vergnügt. Gemeinsame, entspannte Frühstücke oder lange Grillabende dagegen sind gern wahrgenommene familiäre Treffpunkte.

Oft wird der Wohnwagenurlaub mit einem Urlaub in einer Ferienwohnung verglichen. Eine Ferienwohnung ist komfortabler, größer und die Anreise ist zudem schneller und unkomplizierter ohne Wohnwagen. All diese Punkte stimmen. Doch der große Vorteil eines Wohnwagens ist ja gerade, dass man *nicht* in einem Haus bzw. einer Wohnung wohnt – diesen Zustand hat man das ganze Jahr daheim. Im Wohnwagen hingegen **wohnt man viel näher an der Natur,** die Trennung zwischen draußen und drinnen ist fließend.

Ein zweiter großer Vorteil des Wohnwagenurlaubs: Man findet schnell **Anschluss zu anderen Menschen bzw. Familien,** da diese in direkter Nachbarschaft schlafen und wohnen. Das heißt nicht, dass man unbedingt intensiven Kontakt suchen muss, aber man kann dies tun. Kinder gehen das sehr unkompliziert an und finden meist sehr schnell neue Freunde.

Individualisten

Unter dem Begriff Individualisten sollen hier all jene Personen zusammengefasst werden, die nicht in eine der ersten beiden Gruppen fallen. Doch nicht nur sie sind gemeint: Es können auch beispielsweise Paare sein, die mit ihrem Wohnwagen in unwegsame Gegenden fahren oder sogar eine Wüste oder Steppe durchqueren möchten. Auch motorradbegeisterte Freunde, die ihre beiden Motorräder mit in den Urlaub nehmen und trotzdem nicht auf eigene Betten verzichten wollen, fallen in diese letzte Kategorie.

Wohnwagen-Klassen

Kleinwohnwagen

Die Klasse der Kleinwohnwagen ist weniger eine Einsteigerklasse als vielmehr eine **Aussteigerklasse** und eine Klasse für **Individualisten.** Der klassische Kleinwohnwagenbesitzer hat meist schon einige Erfahrung mit Wohnwagen sowie den Vor- und Nachteilen der unterschiedlichen Größen und entscheidet sich ganz bewusst für einen ultrakompakten, kleinen Wohnwagen. Und wer heute im höheren Alter noch seinen Wohnwagen hinter sich herzieht, weiß jede 10 cm zu schätzen, die der Anhänger kürzer und schmaler ist. Und wer besonders exotische Urlaubsgegenden anfahren will, kann das manchmal nur mit einem besonders kompakten Wohnwagen tun.

   Bei Kleinwohnwagen handelt es sich um Wohnwagen mit einer **Aufbaulänge von 3 bis 4,30 m.** Das zulässige Gesamtgewicht liegt unter 1200 kg und die Wohnwagenbreite beträgt 2 m (oder geringfügig mehr).

Grundrisse

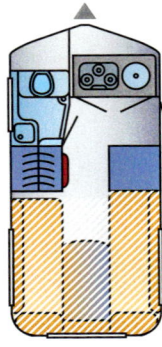

▲ *Skizze 1*

▼ *Skizze 2*

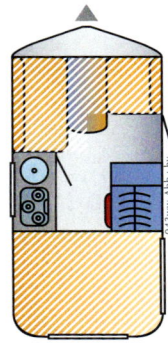

Zwei-Personen-Grundrisse

Der **klassische Kleinwagen-Grundriss** (s. Skizze 1) verfügt über eine **große Sitzecke im Heck,** Küche und Bad sind nebeneinander im Bug angeordnet. Die Sitzgruppe ergibt umgebaut ein sehr großes Doppelbett von ca. 2 x 2 m. Die quadratische Form des Bettes hat den Vorteil, dass man es sich aussuchen kann, ob man längs oder quer zur Fahrtrichtung schläft – vorausgesetzt, der Wohnwagen ist mindestens 2,10 m breit. Als „Längsschläfer" hat man den Vorteil des einfacheren Zugangs zum und aus dem Bett für beide Personen. Bei „Querschläfern" tut sich damit der hintere Liegende immer etwas schwer. Der Vorteil der Quer-Variante ist aber, dass man eine seitliche Schieflage des Wohnwagens ausnutzen kann, um mit dem Kopf etwas erhöht zu liegen.

Bei diesem Grundriss sind die **langen Sitzflächen** auch ohne Bettumbau für ein Nickerchen am Nachmittag gut geeignet. Wenn man nur zu zweit reist, kann man sich den Bettenumbau damit fast sparen. Im Regelfall wird man aber die Betten jede Nacht aufbauen und morgens wieder abbauen.

Dieser Grundriss glänzt mit einem **offenen, aufgelockerten Innenraum.** Das Eck-Bad fällt verhältnismäßig groß aus, der Kühlschrank steht als freier Schrank mit idealer Ablagefläche für Küche, Fernseher oder sonstigen Krimskrams zentral im Raum.

Ein Paar, das abendliche Umbauten in Kauf nimmt, wird mit diesem Wohnwagentyp viel Freude haben.

Mit dem **Verzicht auf ein Bad** kann bei gleicher Aufbaulänge eine Sitzgruppe oder ein Festbett zusätzlich eingebaut werden (s. Skizze 2). Der Schlafkomfort ist in diesem Fall deutlich höher, tägliche Umbauarbeiten entfallen und man ist nicht in der gleichen Weise an gemeinsame Schlafenszeiten gebunden. Der Verzicht auf ein Bad mit Toilette bedeutet zudem, dass man deutlich weniger Frischwasser beschaffen und Abwasser entsorgen muss. Viele Vorteile also – dagegen steht lediglich die Abhängigkeit von öffentlichen Toiletten und Waschgelegenheiten.

Moderne Konstruktionen bieten durch eine **geschickte Verschachtelung von Sitzgruppe und Festbett** auf sehr kurzer Aufbaulänge diese Trennung von Schlaf- und Aufenthaltsbereich, ohne dass auf ein kleines Bad verzichtet werden muss. Dieser Grundriss ist sogar bereits familientauglich, da die Sitzgruppe zum weiteren Bett umgebaut werden kann (s. Skizze 3).

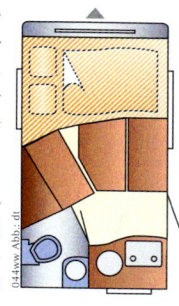

▲ *Skizze 3*

Grundrisse

Familiengrundriss
Große Ähnlichkeit zum obigen zweiten Grundriss (s. Skizze 2) ohne Bad weist auch ein weiterer kleiner Familienwohnwagen auf. Dieser verfügt über **zwei Sitzgruppen** jeweils in Heck und Bug, die beide zu Doppelbetten umgebaut werden können.

Wenn eine der beiden Sitzgruppen sehr schmal ausgeführt ist, kann bei einer Aufbaulänge bis zu 4,30 m sogar noch ein – wenn auch sehr kleines – Bad verbaut werden.

▼ *Skizze 4*

Manchmal findet man über der kleinen Sitzgruppe noch ein Klapphochbett oder man kann es sich relativ einfach selber einbauen. Damit haben dann zwei Kinder ein schönes Stockbett für die Nacht. Noch heute ist diese Ausführung ein sehr verbreiteter Grundriss (s. Skizze 4).

Sonderformen
Sehr selten, aber ungeheuer platzsparend und vielseitig sind Aufbauten, die noch ein **Klappschlafdach** – ein von innen begehbares Dachzelt – für zwei Personen integriert haben.

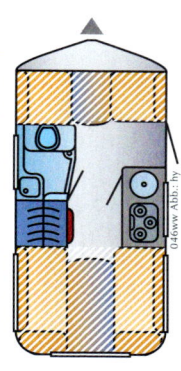

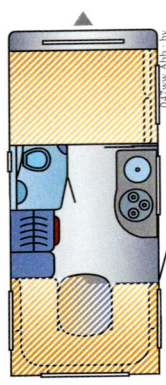

Faltwohnwagen und Zeltanhänger stellen heute nur mehr eine kleine Minderheit dar. Aber sie bieten gerade in warmen Urlaubsregionen eine große und komfortable Unterkunft bei – aufgrund der geringen Aufbauhöhe – sehr angenehmen Zugeigenschaften.

Mittelklasse

Die Mittelklasse stellt die Mehrzahl der Wohnwagen dar. Hierzu gehören Wohnwagen mit typischen **Aufbaulängen von 4,30 bis 5,50 m.** Die Aufbaubreite liegt meist bei 2,30 m und das zulässige Gesamtgewicht liegt zwischen 1200 und 1800 kg.

▲ *Skizze 5*

Zwei-Personen-Grundrisse

Wenn man diese Länge wählt, bekommt man für zwei Personen feste Betten, eine Rundsitzgruppe nebst Bad, Küche, Abstellfläche und ausreichend Stauraum (s. Skizze 5). Bei Varianten unter 5 m Aufbaulänge muss man sich meist mit Querbetten begnügen.

▼ *Skizze 6*

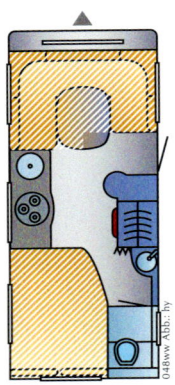

Ein heute sehr verbreitetes, vor gut zehn Jahren entworfenes **Konzept** realisiert bei gleicher Aufbaulänge bereits ein **Doppellängsbett** (s. Skizze 6). Um dies zu erreichen, wird die Toilette direkt neben das Doppelbett gesetzt. Das Badwaschbecken wandert zudem ins „Schlafzimmer". Den Wohnwagen kann man sogar noch kürzer bauen, wenn man die Spüle der Küche über dem Fußbereich des Bettes platziert. Hier kann der Wohnwagenkonstrukteur noch viel von der Raumökonomie eines alten VW-Bus-Campers lernen.

Ab etwa 5 m Aufbaulänge bekommt man im Wohnwagen einzelne Längsbetten (s. Skizze 7). Insbesondere **ältere Camper** bevorzugen diese Variante. Da zwei separate Betten viel Fläche kosten, ist der restliche Wohnwagen eher kompakt gebaut. Manchmal wird sogar auf eine Rundsitzgruppe verzichtet und nur eine Dinette eingebaut.

Wer ein komfortables Bad mit Extradusche bevorzugt, bekommt in dieser Klasse auch Wohnwagen **mit einem großzügigen Badbereich.** Sitzgruppe und Bett sind dann in einer speziellen Variante kombiniert, die guten Schlafkomfort mit wenig Umbauaufwand verbindet (s. Skizze 8). Insbesondere wer seinen Sitzbereich schwerpunktmäßig außerhalb des Wohnwagens sieht, kann mit dieser Lösung äußerst komfortabel fahren. Das Bett bleibt dann immer aufgebaut und nur bei Schlechtwetter und bei der An- und Abreise wird es zur Sitzgruppe umgebaut.

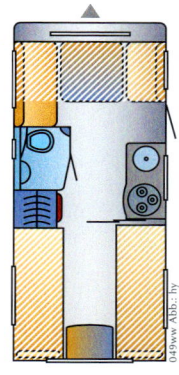

▲ *Skizze 7*

Familiengrundrisse

Eigentlich sind fast alle oben aufgeführten Paarwohnwagen auch familientauglich, denn der Sitzbereich lässt sich meist zu einem Doppelbett für die Kinder umbauen. Die Ausnahme bilden sehr teure Wohnwagen, in denen eine feste Sitzgruppe verbaut ist, die sich nicht mehr umbauen lässt. Paare können dann auch keine Gäste beherbergen.

▼ *Skizze 8*

Ein **genereller Nachteil** bei der Verwendung eines Zwei-Personen-Wohnwagens mit Festbett und Sitzgruppe für die Familie ist, dass der abendliche Umbau der Sitzgruppe zum Kinderbett automatisch den Erwachsenen die Sitzmöglichkeit im Wohnwagen nimmt. Solange man draußen sitzen kann, ist das kein Problem, aber bei schlechtem oder kaltem Wetter müssen dann die Erwachsenen zeitig mit den Kindern ins Bett. Schlafen dagegen die Kinder im Doppelbett, so müssen die Eltern mit der wenig komfortablen Sitzgruppe als Bett vorlieb nehmen. Aus diesen Gründen werden diese Wohnwagentypen nur selten von Familien gekauft.

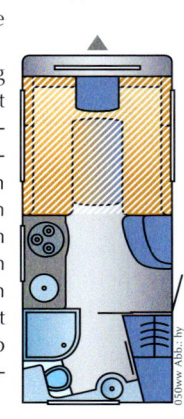

▲ Skizze 9

▼ Skizze 10

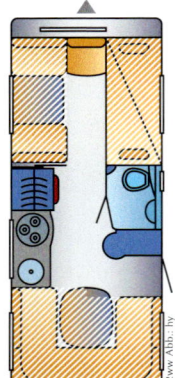

Für Familien immer noch sehr gut geeignet ist die **klassische Aufteilung mit zwei Sitzgruppen** in Bug und Heck des Wohnwagens (s. Skizze 9). Tagsüber hat man genug Platz, um sich auch mal etwas auszubreiten, und nachts ergeben die beiden Sitzgruppen zwei Doppelbetten. Der Umbau der Sitzgruppen kann je nach Schlafenszeit auch zeitlich versetzt erfolgen.

Der **klassische Kinder-/Familienwohnwagen** ist eine Abwandlung der 2-Personen-Variante mit Einzelbetten. Eines der beiden Betten wird durch ein Stockbett ersetzt, das andere durch eine Seitendinette, die zum dritten Bett umgebaut werden kann (s. Skizze 10). So hat man tagsüber immer zwei fertige Betten zur Verfügung und als zusätzliche Sitz- und Spielgelegenheit die Seitendinette. Bei zwei Kindern müssen abends keine Kinderbetten umgebaut werden und bei drei Kindern wird die Seitendinette zum dritten Bett.

Ein separates Elternbett gibt es nicht, die Rundsitzgruppe am anderen Ende des Wohnwagens ist das Elternbett. Der Fokus dieser Variante liegt ganz klar auf den Kindern: Sie haben gute Betten und einen extra Tisch zum Spielen. Die Eltern dagegen müssen täglich die Sitzgruppe zum Doppelbett umbauen und mit unbequemeren Sitzpolstern vorlieb nehmen.

Sonderformen

Relativ selten werden Wohnwagen mit **hohen Doppelfestbetten** mit darunter liegendem großem Stauraum gebaut. Diese Form findet dagegen in Wohnmobilen große Verbreitung. Eine der seltenen Ausnahmen ist der Wohnwagen buddy joe des Herstellers bimobil.

Immer wieder bauen die Hersteller in dieser Größe **Multifunktionstrailer.** So waren in den 1990er Jahren der Bike&Camp von Dethleffs oder der

Sport&Fun von Knaus Vertreter dieser Klasse. Ein großer Vorteil der Trailer ist, dass man Räder d eb-stahl- und schmutzgeschützt im Wohnwagen unter-bringen kann. Der Knaus Yat vereint heute neben der Multifunktionalität noch Lifestyle und Des gn. Allerdings ist die Wohnfunktion zugunsten hoher Transportkapazität eingeschränkt: Man kann in ihm zwei Motorräder transportieren, allerdings ist die Toilette winzig.

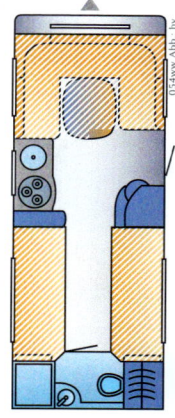

Große Wohnwagen

In diese Klasse fallen Wohnwagen mit Aufbau än-gen von über 5,50 m und Gesamtlängen über 7 m. Das zulässige Gesamtgewicht liegt bei über 1,6 t.

Zwei-Personen-Grundrisse

▲ *Skizze 11*

Was kann ein Wohnwagen über 5,50 Meter Auf-baulänge noch mehr an Luxus für zwei Personen bieten als die Mittelklasse? Nun, der Mehrplatz wird meist für eine **zusätzliche Sitzgruppe** genutzt, auf der auch mal ein Puzzle oder eine Handarbeit lie-gen bleiben kann, wenn man daneben essen will. Oder einer kann Fernsehen und der andere in Ruhe ein Buch le-sen. Auch der **Badbereich** der Mittelklassewohnwagen ist noch ausbaufähig. Mehr Platz vor Toi-lette und Waschbecken und ggf. eine separate Dusche sollten bei so viel Raum möglich sein (s. Skizze 11).

    Viel Platz kostet auch ein auf drei Seiten **frei stehendes Dop-pelbett,** eventuell kombiniert mit Sideboard und Kleiderschrank. Der Übergang zum Standwohn-wagen ist hier fließend.

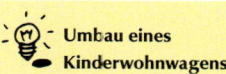

💡 **Umbau eines Kinderwohnwagens**

Baut man in einen typischen Kinder-wohnwagen anstelle der Seitendinette und des Mittelganges ein Doppelbett ein, so erhält man vier komfortable Festbetten. Vier Personen haben ein eigenes, festes Bett. Allerdings schlafen Kinder und Eltern nah beieinander in einem Raum. Trotzdem eine gute Variante, um einen alten Grundriss aufzuwerten.

Grundrisse

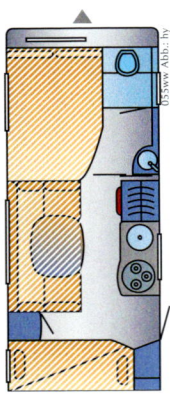

Familiengrundrisse

Für Familien bekommt man in dieser Klasse **Einzelbetten für bis zu drei Kinder**. Dabei befindet sich das Elterndoppelbett im Regelfall im Bug, die Stockbetten der Kinder liegen im Heck und sind längs oder quer angeordnet. Für die Sitzgruppe bleibt nur der Platz in der Mitte des Wohnwagens (s. Skizze 12). Deshalb fällt diese auch meist etwas kleiner aus. Der Schwerpunkt dieser Wohnwagen liegt also auf gutem Schlafkomfort ohne Umbauten.

Noch etwas größer fallen jene Lösungen aus, in denen eine großzügige Rundsitzgruppe vorhanden ist und vier bis fünf feste Betten in der Mitte und am anderen Ende des Wohnwagens platziert sind.

Sonderformen

Ein innovativer Wohnwagen ist der Dethleffs Vari 580. Er bietet bis zu neun Sitzplätze und sieben Schlafplätze. Dazu kann man noch zahlreiche Fahrräder oder zwei Motorräder in ihm transportieren. Möglich wird dies durch ein **Hubdoppelbett,** unter dem wahlweise ein großer Stauraum oder eine Sitzgruppe entsteht. Die separate Dusche beherbergt bei Nichtgebrauch den Kleiderschrank. Leider ist dieses Nischenmodell schon wieder vom Markt genommen worden.

Der bimobil Drehschemel-Wohnwagen AX 575 setzt auf ein völlig anderes **Fahrgestell-Konzept:** Die Achsen des Anhängers liegen – wie bei einem Lastwagenanhänger – weit auseinander. Dies hat den Vorteil, dass die Verteilung der Beladung viel unkritischer vorgenommen werden kann, der Anhänger sehr sicher hinter dem Zugfahrzeug herläuft und die Belastung des Zugfahrzeugs geringer ausfällt. Unangenehme Nickbewegungen treten hier nicht auf. Im Stand kann man die Deichsel sogar noch wegklappen, sodass der Wohnwagen über einen Meter kürzer wird.

Bimobil nutzt die Vorteile des Chassis und verbaut einen großen Stauraum, in den auch ein bis zwei Motorräder passen. Leider hat das Fahrgestell seinen Preis, die konzeptionellen Vorteile sind jedoch enorm.

Standwohnwagen

Leider gibt es kaum Wohnwagen, die den Anforderungen an einen festen Stellplatz mit **intensiver Vorzeltnutzung** gerecht werden. Denn lediglich eine maximale Länge und Breite genügen nicht. Die Küche und der Fernseher sollten sowohl im als auch vor dem Wohnwagen nutzbar sein. Die Heizung sollte nicht nur den Wohnwagen, sondern auch das Vorzelt effizient heizen können und eine breite Tür oder ein offener Durchgang sollten Vorzelt und Wohnwagen verbinden.

Doch obwohl der Markt für Dauerwohnwagen groß ist, werden diese Möglichkeiten nicht umgesetzt. Daher sind Standcaravans meist nur „normale", große Wohnwagen.

Hinsichtlich der **Breite** des Standwohnwagens sollte man unbedingt die breiteste Variante von 2,50 m nehmen. Damit werden die Tische größer, die Durchgänge breiter und das Raumgefühl gewinnt erheblich (s. Skizze 13).

Premium-Wohnwagen

Der geringe Markterfolg von Wohnwagen der Premium-Klasse zeigt, dass tendenziell eher der Wohnmobilkäufer dazu bereit ist, viel Geld für sein mobiles Heim auszugeben. Es wurden in der Vergangenheit immer wieder äußerst hochwertige Wohnwagen entwickelt (z. B. von Westfalia [Columbus], bimobil oder beisl), deren Markterfolg eher bescheiden war. Heute haben die großer. Hersteller meist eine Premiumlinie im Programm. Und der jetzt auch in Europa erhältliche Airstream Wohnwagen gehört mit zu den exklusivsten Gefährten seiner Art.

Grundrisse

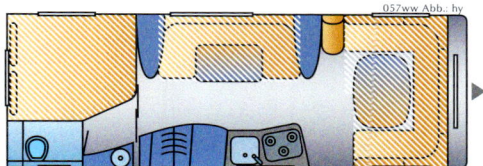

057ww Abb.: hy

◀ *Skizze 13*

006ww Abb. mz

Technik

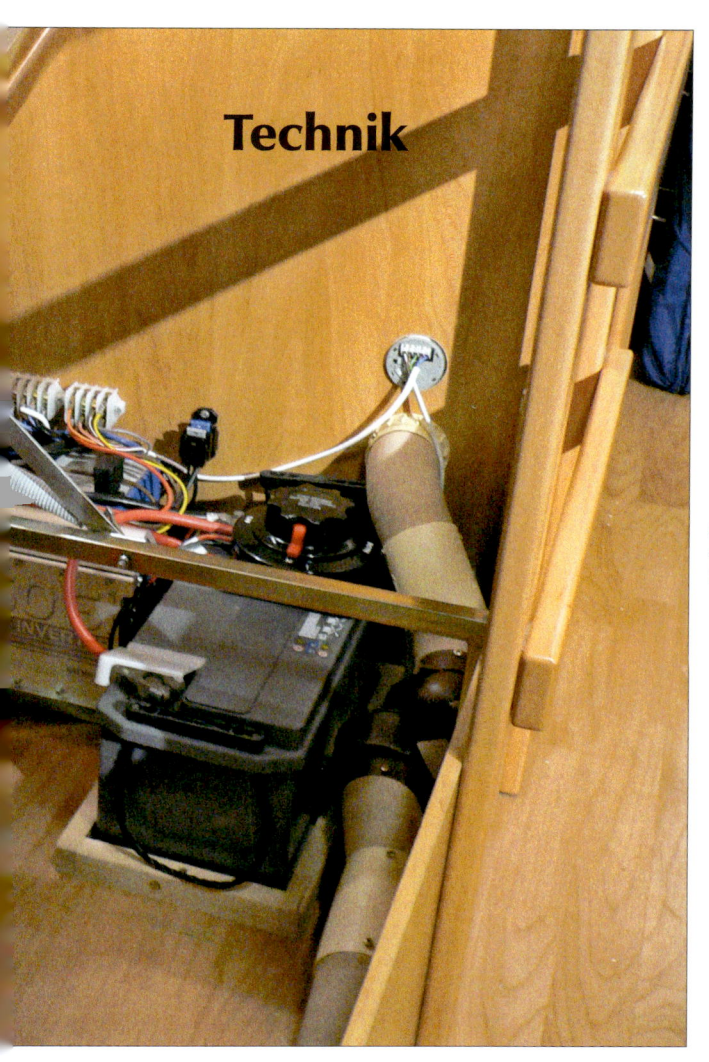

Die Technik im Wohnwagen ist **umfangreicher und aufwendiger** als in einem gewöhnlichen Haus oder einer Wohnung. Diesen Umstand sollte man sich durchaus bewusst machen. Der Strom kommt beispielsweise nicht selbstverständlich aus der Steckdose, sondern muss extra zugeführt, erzeugt oder gespeichert werden. Fast immer sind zwei Spannungsnetze vorhanden. Fernseher, DVD oder Internet sind oftmals auch schon eingebaut. Eine Heizung ist natürlich auch vorhanden, manchmal sogar eine Klimaanlage. Küchengeräte haben ebenfalls ihren festen Platz im Wohnwageninneren. Und was in der Wohnung direkt aus der einen Leitung kommt und in einer anderen wieder verschwindet, kostet im Wohnwagen die meiste Aufmerksamkeit: Frischwasser und Abwasserentsorgung. Die gesamte Technik soll dann noch klein, leicht und unempfindlich gegen Hitze, Kälte und Erschütterungen während der Fahrt sein. Trotz ausgereifter Lösungen sind daher ein **gewisses Grundverständnis** für die technischen Zusammenhänge und manchmal auch ein **geschicktes Händchen** nötig.

Fahrwerk

Achsen, Federung, Bremsen

Das **Fahrgestell** eines Wohnwagens besteht aus zwei Längsträger-Profilen, auf denen die Bodenplatte aufgeschraubt wird. Dieser Verbund sorgt in Kombination mit Querträgern für die nötige Stabilität. Vorne am Wohnwagen gehen die Längsträger in die Deichsel über. Wohnwagen verfügen in der Regel über starre Achsen, an denen über kurze, gefederte Längsträger die Räder aufgehängt sind.

Ab etwa 1800 kg zul. Gesamtgewicht werden bei Wohnwagen **Tandemachsen** verbaut. Vorteile wie der bessere Geradeauslauf oder die geringeren Nickbewegungen fallen heute nicht mehr so ins Gewicht wie früher – die Einachser haben hier deutlich aufgeholt.

Als **Federelement** wird oft Gummi verwendet. Dieser besitzt zwar schon gewisse Dämpfungseigenschaften, daneben kommen allerdings meist auch noch Stoßdämpfer zur Verwendung, damit die Räder auch bei Unebenheiten immer Bodenkontakt haben. Wichtig beim Caravan ist ja nicht unbedingt der Fahrkomfort, da es keine Mitfahrer gibt, sondern ein gutes und sicheres Fahrverhalten sowie möglichst wenig Weiterleitung von Fahrbahnunebenheiten auf das Zugfahrzeug.

Dazu dient auch der **Schlingerdämpfer** in der Anhängerkupplung, der heute fast immer zur Serienausstattung gehört. Durch Reibelemente, die auf die Kupplungskugel drücken, wird die Bewegung des Gelenkes künstlich erschwert. Neben den gefährlichen Schlingerbewegungen unterbinden moderne Antischlingerkupplungen auch die unangenehmen Nickbewegungen etwas. **Elektronische Systeme,** die die Wohnwagenräder bei Schwingungen gegenphasig abbremsen, sind inzwischen erhältlich. Allerdings könnte das gesamte Fahrwerk des Wohnwagens ein mehr zeitgemäßes Konzept mit moderner Technik wie Einzelradaufhängung und ABS vertragen, wie es im PKW-Bereich schon seit vielen Jahren der Standard ist.

Antik ist im Wohnwagen auch die **Bremstechnik.** Es werden fast ausschließlich **Trommelbremsen** verwendet. Diese werden durch Zusammenstauchen der Deichsel per Seilzug angesteuert. Dieser einfache mechanische und natürlich kostengünstige Aufbau hat sich zwar bewährt, allerdings ist die Bremsleistung des Wohnwagens bei einer Vollbremsung nicht optimal, sodass der Bremsweg im Gespann ca. 20 bis 30 % länger ausfällt. Außerdem

Technik

funktioniert die Bremse nur während der Fahrt. Wenn das Gespann z. B. am Berg steht, kann die Bremse nicht vom Auto aus betätigt werden.

Scheibenbremsen gibt es bei Wohnwagen noch sehr selten. Der Hersteller *Weipert* verbaute in den 1990er Jahren Scheibenbremsen in größerem Umfang. Das **Luftfahrwerk,** das im PKW- und Wohnmobilbereich Einzug gehalten hat, kam erstmals um 2006 im LMC Innovan zum Einsatz. Ein großer Vorteil dieser Federung (neben dem besseren Fahrkomfort) ist die Möglichkeit des Absenkens und Vertikalausgleichs am Standplatz.

Reifen

Man sollte bedenken, dass bei größeren Einachswohnwagen ein Reifen etwa die doppelte Last eines Autoreifens tragen muss! Beide Fahrzeuge sind in etwa gleich schwer, beim Wohnwagen stehen aber nur zwei Reifen zur Verfügung, um das Gewicht zu tragen. Die Reifen des Wohnwagens werden also **besonders belastet.** Die Ansprüche an Höchstgeschwindigkeit und Laufleistungen sind zwar gering, aber die Traglast und lange Standzeiten schaffen Probleme. Dagegen helfen vier Maßnahmen:

- Bei langen Standzeiten die **Reifen entlasten.** Den Wohnwagen mit Wagenhebern anheben, sodass die Reifen nahezu ohne Auflagekraft auf dem Boden stehen.
- Auf den richtigen, eher leicht höheren **Reifendruck** achten.
- Reifen, die immer der Sonnenseite zugewandt sind, abdecken und **vor UV-Licht schützen,** da es die Reifen schneller altern lässt.
- Reifen **alle sechs Jahre wechseln,** auch wenn das Profil noch gut ist. Beim Kauf sollte man auf das tatsächliche Herstellungsdatum achten.

Für diejenigen, die gerne auch **im Winter** fahren, bieten sich **Ganzjahresreifen** an. Ein Wechsel von Sommer- auf Winterreifen ist beim Wohnwagen eher unüblich. Man könnte auch das ganze Jahr mit Winterreifen fahren, da der Verschleiß der Wohnwagenreifen gering ist. Die Räder werden nicht angetrieben und auch die zu erbringende Bremsleistung ist eher gering. Durch die hohen Temperaturen im Sommer altert der Winterreifen allerdings schneller.

Eine weitere Empfehlung ist die Verwendung von **Schwerlastreifen** von Klein-LKWs. Diese haben steife Seitenflanken und können bis zu einem Betriebsdruck von fünf Bar aufgepumpt werden. Der Wohnwagen liegt damit sicher auf der Straße und auch der Spritverbrauch sinkt etwas.

Rangierhilfen

Immer öfter sieht man mittlerweile Wohnwagen **wie von Geisterhand in enge Stellplätze rangieren** – obwohl das Zugfahrzeug abgekuppelt ist und die Nachbarn auch nicht beim Schieben helfen. Die Erklärung ist recht einfach: Hier bewegen zwei Elektromotoren, die auf jedes Wohnwagenrad drücken, den Wohnwagen ferngesteuert. Diese Rangierhilfen, auch **Mover** genannt, ermöglichen das Anfahren von Stellplätzen, die auch bei bester Fahrzeugbeherrschung mit dem Gespann nicht zu erreichen sind. Auch manche Abstellplätze daheim oder in der verwinkelten, ansteigenden Scheune werden so erst möglich.

Die elektrische Rangierhilfe ist auch eine **Erleichterung beim Ankuppeln** von schweren Wohnwagen. Dann muss nicht mehr der Zugwagen zentimetergenau unter dem Kupplungsmaul platziert werden, sondern man platziert umgekehrt die Wohnwagenkupplung präzise über der Kupplungs-

Technik

058ww Abb.: mz

▶ *Elektrischer Wohnwagen- antrieb*

kugel des Autos. Bei diesem Manöver kann man mit der Fernbedienung direkt neben der Deichsel stehen und hat so den bestmöglichen Überblick.

Rangierhilfen sind jedoch **weder billig noch leicht** und gehen immer zulasten der Zuladung. Wenn schon eine Batterie mit an Bord ist, kommen mit dem Mover etwa 30 kg an Gewicht hinzu. Ansonsten muss man für die komplette Anlage mit einem Mehrgewicht von etwa 50 kg rechnen und ca. 2000 € Umbaukosten einkalkulieren.

Wohnraum

Der Wohnraum eines Campers umfasst die **Wohnkabine,** aber natürlich auch den **Platz vor dem Wohnwagen** im Vorzelt, unter der Markise oder dem Sonnensegel – oder unter freiem Himmel. Platz genug wäre auch *auf* der Wohnkabine, aber hier hält sich der normale Camper nur zur Dachpflege auf.

Wohnkabine

Von ganz entscheidender Bedeutung für das Wohl des Campers ist die Ausführung der Wohnkabine. Meist jedoch erzeugen schickes Design sowie technische und optische Gimmicks bei den Kunden wesentlich mehr Aufmerksamkeit als die **Qualität der Ausführung.** Es ist kein Geheimnis, dass die Hersteller bei der Konstruktion und Herstellung der Wohnkabine mit Vorliebe einfache und günstige Wege gehen. Daher sollte man ganz genau hinschauen, wenn man den Kauf eines Wohnwagens, ob neu oder gebraucht, in Betracht zieht.

Konstruktion mit Stützgerippe

Die **Standardbauweise** für Wohnwagen besteht aus einem **Holzrahmen,** in dem Styroporplatten eingepasst sind. Die Außenseite wird mit einem 0,8–1,2 mm starken Aluminiumblech verkleidet. Dünnere Aluminiumbahnen erreichen durch eine Hammerschlagstruktur die gleiche Festigkeit wie dickere Glattblech-Verkleidungen. Die glatte Oberfläche ist leichter zu reinigen, allerdings sieht man auch kleinere Wellen viel genauer.

Auf der **Innenseite** werden 2 bis 3 mm dünne **Platten aus Sperrholz oder Fasermaterial** aufgeklebt. Diese Konstruktion ist kostengünstig, aber **nicht verrottungssicher.** Dringt an einer Stelle Wasser in eine solche Wand ein, breitet es sich zum einen weit aus und kann außerdem nicht abtrocknen. Die Folge ist, dass die Wand schnell und auf großer Fläche verrottet. So kann bereits bei einem fünf Jahre alten Wohnwagen großer Schaden entstanden sein, wenn man eine undichte Stelle zu Beginn nicht bemerkt hat. Die Reparatur von verrotteten, verfaulten und meist verschimmelten Wänden ist kostspielig. Treten Verrottungen an mehreren Stellen auf, hat das Fahrzeug meist einen Totalschaden.

Vorsicht: Wasserschaden!
Das Wichtigste beim Gebrauchtkauf ist der dichte Aufbau. Man kann es nicht oft genug betonen: Wenn ein älterer Wohnwagen nicht mehr dicht ist, ist er wertlos. Es ist gesundheitsschädlich, in verrotteten, modrigen, feuchten Wohnwagen zu wohnen. Darüber tröstet auch kein vermeintlich günstiger Preis hinweg.

Technik

Neben dem Stützgerippe aus Holz wird heute nur noch selten ein **Gerippe aus Stahl oder Aluminium** verwendet. Diese Konstruktion aus dem Flugzeugbau verspricht dauerhafte, stabile und verwindungssteife Konstruktionen, die durch elegante Rundungen auch noch ausgesprochen ansprechend aussehen. Typische Vertreter sind die Eriba-Touring-Modelle von Hymer und die markanten Airstream-Caravans aus den USA.

Selbsttragende Hartschaum-Konstruktion

Diese Konstruktion stammt aus dem Wohnmobil- und Lastwagenbau und ist im Inneren holzfrei (also verrottungsresistent). Zum Bau der Wände und des Daches werden **langlebige und dauerhaft dichte Sandwichplatten** mit einem Kern aus wasserundurchlässigem Hartschaum gefertigt. Die Außenhaut besteht meist aus Aluminium und innen wird eine Holzplatte ganzflächig verklebt. Der große Vorteil ist, dass sich das Wasser bei einer Undichtigkeit nicht ausbreiten kann und der Hartschaum fast verrottungsfrei ist. Diese Konstruktion ist gegenüber der Konstruktion mit Holzgerippe **etwas schwerer und teurer.** Sie bietet aber den weiteren Vorteil, dass das Dach ganzflächig begehbar ist. Von den klassischen Wohnwagenherstellern verbaut nur Hymer diese Technik.

Heck oder Bugwand werden heute meist aus **glasfaserverstärkten Kunststoffteilen** geformt. So verwirklicht man attraktive Formen, man spricht manchmal auch von „automotivem Design".

Einstiegsstufe

Der separate Einstiegshocker ist kostengünstig und meist vielseitig zu verwenden. Wer jedoch viel frei steht, ist mit einer klappbaren Einstiegsstufe, die fest am Wohnwagen verbunden ist, besser bedient.

Hubdachwohnwagen

Es macht durchaus Sinn, den Wohnwagen während der Fahrt in der Höhe zu verringern – man

075ww Abb. as

hält sich dort dann nicht auf. Der Windwiderstand reduziert sich, der Schwerpunkt wandert nach unten. Auch passt der Wohnwagen so oftmals in normale Garagen oder man bekommt günstigere Fährpreise. Wenn man den Stellplatz ereicht hat, kann man das Dach einfach und schnell auf Stehhöhe anheben. Bei Expeditionsmobilen sind diese Konstruktionen sowohl hinsichtlich der Technik als auch des Raumgewinns perfektioniert. Die Hubdächer haben feste Seitenwände und lassen sich teleskopartig elektrisch ein- und ausfahren.

Im Wohnwagenbereich wird noch eine relativ alte und bewährte Form des Hubdaches verbaut: die **ausklappbare Zeltdachkonstruktion.** Neben den oben geschilderten praktischen Gesichtspunkten schätzen Hubwagenfahrer besonders drei weitere Eigenschaften:

- Der helle Zeltstoff bringt Licht in den Wohnwagen und schafft eine **freundliche Atmosphäre.**
- Das **Klima** ist im Hubdachwohnwagen durch die stetige Entlüftung über das Dach hervorragend, auch bei kälterem Wetter.

▲ *Markant, teuer, glänzend, rund, werthaltig, anders: Airstream Wohnwagen aus den USA gibt es seit 2007 auch auf dem europäischen Markt.*

Technik

● Es besteht eine **direktere Verbindung nach draußen.** Wind und Wetter bekommt man unmittelbarer mit, ohne ihnen jedoch ausgeliefert zu sein.

Fenster, Türen und Klappen

Fenster

Wohnwagenfenster bestehen zumeist aus leicht getönten **Acrylglasscheiben,** die in einer Doppelkonstruktion aufgebaut sind. Meist werden sie von außen vorgehängt, die elegantere und teurere Variante ist die Integration in den Aufbau. Durch die Materialwahl sind sie relativ **kratzempfindlich.** So kann schon das Abwischen des Straßenstaubes mit einem feuchten Lappen deutliche Spuren hinterlassen. Hilfe schafft hier die Behandlung mit einer Politur, z. B. Acrylan.

▲ Moderner Hubdachwohnwagen Feeling von Hymer mit Schlafmöglichkeit im Zeltdach

Dicht schließen diese Fenster nur, wenn sie ganzflächig an die Dichtung herangedrückt werden, deshalb sind meist mehrere Hebel dazu notwendig. Auf der Fensterinnenseite sind noch zwei wichtige

Funktionen integriert: das **Verdunklungsrollo** und der **Insektenschutz.** Die Isolationseigenschaften der Wohnwagenfenster sind sowohl gegen Kälte als auch Wärme gut.

Die Fenster sind **meist oben angeschlagen** und lassen sich auch bei Regen ein Stück weit öffnen. Bei voller Öffnung ermöglichen sie den ungehinderten Blick in die Landschaft.

Türen

Der Wohnwagentür wurde jahrzehntelang nur wenig Entwicklungsarbeit zuteil. Sie ist zumeist **einfach ein Stück Wohnwagenwand** mit einem Extrarahmen und einer rundum laufenden Dichtung, das auf der einen Seite mit Scharnieren, auf der anderen Seite mit einem einfachen Schließmechanismus in eine passende Öffnung eingepasst wird. Im Normalfall ist die Tür zweiteilig ausgeführt, sodass die obere Hälfte extra zu öffnen ist. Diese Standardtür ist eine leicht zu überwindende Hürde für Einbrecher und bietet serienmäßig noch nicht mal einen Fliegen- und Mückenschutz.

Erst in den letzten Jahren hat man die Funktionalität der Tür erhöht. So gibt es jetzt teure, aber wirkungsvolle und schnell zu bedienende Mückenrollos, Kleiderhaken, vernünftige Schließsysteme, Fenster, Ablageflächen oder Abfalleimer an der Türinnenseite und **endlich stabilere Gesamtkonstruktionen.**

Klappen

Die meisten Wohnwagen haben mindestens eine **Außenklappe** für die Entleerung der Toilettenkassette. Zweifelsohne ist es angenehmer, diese von außen zu

 Frontfenster

Oft wird auf ein Fenster in der Front des Wohnwagens verzichtet, weil es besonders anfällig für Undichtigkeit ist und Steinschlag vom Auto ausgesetzt ist. Wer sein Bett im Bug hat, kann auf ein Fenster verzichten, wenn die Sitzgruppe jedoch hier montiert ist, sollte man das geringe Risiko zugunsten der höheren Wohnqualität durchaus in Kauf nehmen.

Technik

entnehmen, als sie durch den Wohnwagen nach draußen tragen zu müssen. Das Gleiche gilt allerdings auch für Campingstühle, Freizeitgeräte, Grill, Gummistiefel, Wasserkanister und Vorzelt. Klappen, die direkt zu den Stauräumen führen, sind daher **außerordentlich praktisch.** Aufwendigere Varianten sind mit einem Metallrahmen unauffällig in den Aufbau integriert, die günstigeren (auch leicht nachrüstbaren) haben zumeist einen dickeren Kunststoffrand.

Möbel

Die Möbel im Caravan werden aus **leichten Verbundmaterialien** hergestellt, die mit echt wirkenden Holzdekor-Folien beklebt sind. Echtholzfurnier findet man nur noch bei Wohnwagen, die vor 1980 hergestellt wurden, oder bei extrem teuren Wohnwagen. Die verwendeten leichten Materialien haben leider den Nachteil, dass Möbelverbindungen, Scharniere oder Griffe sich manchmal lösen können.

In den letzten Jahren haben die Hersteller viel dafür getan, das **Wohnerlebnis** zu steigern. Durch eine leicht geschwungene Formgebung, raffinierte Beleuchtung, einen ästhetischen Materialmix und freundliche Stoffe strahlen moderne Modelle viel Flair aus.

Auch den **Campingstühlen und -tischen** für draußen sollte man die nötige Aufmerksamkeit zuwenden – einen Großteil des Urlaubs verbringt man darin oder daran. Campingstühle sollten

Vorsicht mit Hochdruckreinigern!

Grobe Verschmutzungen, Baumablagerungen, Industrieschmutz oder erster Moosbewuchs auf großen Flächen lassen sich sehr gut mit dem Hochdruckreiniger entfernen. Aber Vorsicht bei den Wohnwagendichtungen! Man darf diese nicht unterspülen, sonst fließt Wasser in den Aufbau und die Wände beginnen zu modern. Um das zu vermeiden, sollte man den Abstand des Hochdruckreinigers in Dichtungsnähe vergrößern und so den Druck vermindern sowie den Strahlwinkel von der Kante der Aufbaudichtung wegdrehen. Am sichersten ist es, den Bereich von Dichtungen nur per Hand zu reinigen.

◀ Luxuriöse Küche mit Backofen

leicht, klein zu verpacken und bequem sein, das Gleiche gilt für Liegen. Die Stabilität der Tische geht leider meist nur zulasten eines höheren Gewichts. Wenn man den Bereich vor dem Wohnwagen weiter möblieren will, findet man zahlreiche zerlegbare Möbelstücke für Küche und Aufbewahrung im Zubehörhandel.

Ausrichten des Wohnwagens

Jeder Wohnwagen hat an allen vier Ecken **je eine Stütze.** Diese dienen allerdings nicht dazu, den Wohnwagen anzuheben und auf diese Weise waagrecht auszurichten, dazu sind die Stützen und die Aufhängung zu schwach. Vielmehr sollte der Wohnwagen vorher in Längs- und Querrichtung ausgerichtet werden. Die Stützen dienen dann nur noch dazu, einen **wackelfreien Stand** zu gewährleisten.

Das Ausrichten eines Wohnwagens um die Querachse (also in Längsrichtung) geht mit dem sich an

Technik

121

der Deichsel befindenden Bugrad meist sehr einfach. Der Verstellbereich des Stützrades reicht meist aus, um den Wohnwagen in Längsrichtung auszurichten. Nur bei recht steilem Gelände oder sehr langen Wohnwagen kann der Verstellbereich zu klein ausfallen.

In Querrichtung tut man sich bei der Ausrichtung bedeutend schwerer. Folgende Möglichkeiten hat man dort:

- **Erhöhungskeile** zum Auffahren,
- **Hebemechanismus** unter dem Rad,
- **Wagenheber** am Rahmen mit Unterstellböcken,
- **Eingraben** eines Rades.

Die beliebteste Variante sind **Erhöhungskeile,** die auch Wohnmobile benutzen, um schräge Gelände auszugleichen. Der Nachteil dieser Keile ist, dass das Auto meist angehängt sein muss, um den Wohnwagen mit Motorkraft auf die steilen, kurzen Erhöhungen zu bekommen (Ausnahme Mover, s. o.). Das schränkt die Platzauswahl etwas ein. Außerdem ist das zielgenaue Stoppen auf der Erhöhung auch keine leichte Übung.

Mit einem **Hebemechanismus** kann man sich zuerst den optimalen Platz aussuchen. Die Ausrichtung erfolgt dann ohne Bewegung des Wohnwagens, indem man mit einem speziellen Wagenheber direkt ein Rad anhebt. Der Wohnwagen und das Rad können dann auf diesem Wagenheber stehen bleiben. Mit den Stützen wird der Wohnwagen wiederum gegen Wackeln abgesichert.

Will man den Wohnwagen mit einem **Wagenheber** am Rahmen anheben, muss man aufpassen, dass durch die leichte Drehmög-

> **Geländelehre**
> *Hat man einen schönen Stellplatz auf einem schrägen Gelände gefunden, ist es ratsam, den Wohnwagen mit seiner Längsrichtung entlang der Geländeneigung auszurichten. Diese Neigung kann mit dem Stützrad gut ausgeglichen werden. Eine Seitenausrichtung muss dann im Idealfall nicht mehr vorgenommen werden.*

lichkeit der Wohnwagen nicht herunterfällt. Vorher die Handbremse fest anziehen. Den Wohnwagen dann auf einem breitbeinigen Stellblock abstellen, da der Wagenheber alleine nicht ausreichend Standsicherheit bietet.

Wenn der Untergrund und der Campingplatz es zulassen, kann natürlich auch das Niveau eines Rads nach unten reguliert werden. Dazu schaufelt man eine **Kuhle,** in die das Rad eingelassen wird. Das ist eine gute Möglichkeit für Dauer- oder Saisoncamper.

Vorzelt, Markise, Sonnensegel

Für das Leben vor dem Wohnwagen stellt ein Sonnen- und Regenschutz eine wichtige Erweiterung dar. Der Bereich vor dem Wohnwagen kann so viel intensiver genutzt werden. Neben Tisch und Stühlen finden auch Küchengeräte für draußen hier ihren Platz. Im Extremfall kann der Außenbereich komplett möbliert werden.

Als einfachste Variante bietet sich ein **Sonnensegel** an. Dieses wird auf der einen Seite in die Kederschiene (= das umlaufende Aluminiumprofil) des Wohnwagens geschoben und vorderseitig mit Stangen und Leinen abgestützt. Die Aufbauzeit beträgt etwa 15 Minuten. Richtig abgespannt hält ein solches Segel fast jedem Sturm stand. Es gibt auch Varianten, die länger sind und so zusätzlich eine Seitenwand bilden – bei windreichen Aufenthaltsorten durchaus empfehlenswert.

Die bequemere Methode ist zweifelsohne die **fest angebrachte Markise.** Ihre Vorteile: Man muss keine Teile im Wohnwagen verstauen und der Sonnen- oder Regenschutz ist in drei Minuten ausgefahren bzw. wieder eingefahren. Zudem kann die Markise auch im nassen Zustand aufgerollt werden. Nachteile sind die hohen Kosten und das hohe Ge-

Technik

▶ *Mit Sonnensegel ist der Vorraum viel schöner*

wicht an ungünstiger Stelle am Wohnwagen. Bei stürmischem Wetter sollte man die Markise zudem sehr sorgfältig abspannen, denn der Schaden von über den Wohnwagen geworfenen Markisen kann enorm sein. Oft wird die Markise abends oder bei aufkommendem Sturm eingefahren, dann ist der Zeitgewinn allerdings gegenüber dem Sonnensegel schnell dahin. Ideal ist eine Markise daher für Leute, die häufig den Ort wechseln und Auf- und Abbauzeiten sehr kurz gestalten möchten. Wenn man mit mehreren Personen im Schatten oder bei Regen im Trockenen sitzen will, sollte man nicht an der Markisenlänge sparen und die gesamte Länge des Wohnwagendaches ausnützen.

Eine **Sonderform** stellen Markisen dar, die in die Kederschiene des Wohnwagens eingeführt werden. Während der Fahrt hängt die Markise in einem Sack an der Wohnwagenwand. Am Urlaubsort kann sie schnell ausgefahren werden, da das Gestänge bereits integriert ist. Allerdings muss man diese Markisen ähnlich wie ein Sonnensegel immer vollständig ausfahren.

Der Camper, der länger an einem Platz steht, bevorzugt oft ein **Vorzelt.** Die Wohnfläche verdoppelt sich damit in der Regel und das Vorzelt wird zum täglichen Aufenthaltsraum. Allerdings sitzt man bei schönem Wetter dann eben nicht wirklich draußen, sondern in einem Zelt. Bei schlechtem Wetter – insbesondere mit Kindern – hat man mit einem gemütlichen Vorzelt viel Platz, sodass jeder seiner Beschäftigung nachgehen kann, ohne dass man sich gegenseitig in die Quere kommt.

Relativ entscheidend für ein gutes Raumgefühl ist die **Tiefe des Vorzelts.** So passt bei einer Tiefe von 2,50 m ein Tisch mit Stühlen zwar gut ins Vorzelt hinein, aber man kommt nur schlecht an den Möbeln vorbei. Die volle Beweglichkeit bieten Vorzelte mit etwa 3 m Tiefe.

Herd und Kühlschrank

Kühlschrank

Der Kühlschrank ist aus meiner Sicht **das wichtigste Gerät im ganzen Wohnwagen.** Die Möglichkeit, im Urlaub eingekaufte Speisen wie daheim über einige Tage frisch zu halten, ermöglicht es erst, sich umfassend selbst zu versorgen, ohne jeden Tag einkaufen und eine größere Siedlung anfahren zu müssen. Das Prinzip des Wohnwagenkühlschranks basiert auf einem thermodynamischen Kreislauf mit einem Ammoniak-Wasser-Gemisch – und wurde schon vor über 100 Jahren erfunden. Das besondere daran ist, dass hier durch Wärmezufuhr direkt Kälte erzeugt wird.

Die nötige Hitze für einen **Absorberkühlschrank** (s. Skizze S. 126) kann man auf dreierlei Methoden erzielen: mit einem kleinen Gasbrenner, einer 12-Volt- oder einer 220-Volt-Heizpatrone.

Die besten Kühleigenschaften hat ein Kühlschrank mit den leistungsstarken Energiequellen Gas oder Netzstrom. Die 12-Volt-Variante kühlt nur mäßig und belastet die Autobatterie gleichzeitig

Technik

Literaturtipp
*„Handbuch
Wohnmobil-
Ausrüstung",
Rainer Höh,* REISE
KNOW-HOW *Verlag.
In dem Buch wird
u. a. das Absorber-
prinzip des Kühl-
schranks detail-
liert erläutert.*

enorm. Dieser Modus ist nur für den Fahrbetrieb gedacht, bei dem früher alle Gasgeräte abgeschaltet werden mussten.

Herd

Ein Gasherd gehört zur Minimalausstattung eines jeden Wohnwagens. Das Prinzip ist **so simpel wie zuverlässig.** Wie bei allen Gasgeräten muss in Innenräumen aus Sicherheitsgründen eine automatische Abschaltung (Zündsicherung) erfolgen, wenn die Flamme ausgeblasen wird.

In der Regel wird der Herd für den heißen Kaffee oder Tee benützt und für einfachere warme Gerichte. Gerade wenn der Koch im Urlaub etwas weniger in der Küche stehen will, geht auch der Camper gerne auswärts essen.

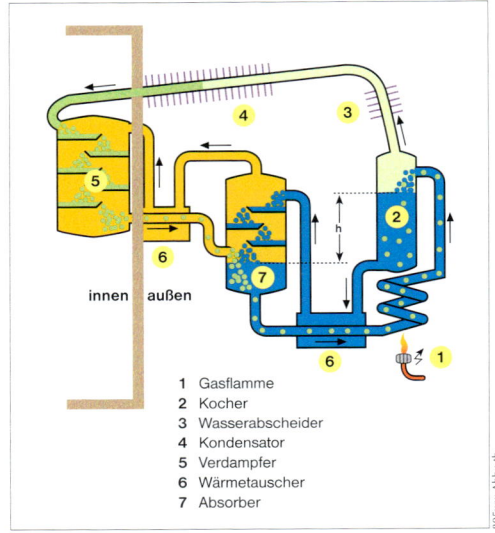

innen außen

1 Gasflamme
2 Kocher
3 Wasserabscheider
4 Kondensator
5 Verdampfer
6 Wärmetauscher
7 Absorber

▶ *Skizze eines
Absorber-
Kühlschranks*

805ww Abb.: tb

◀ Kleine, aber feine Küchenzeile

Wasser und Abwasser

Wasser ist ein sehr wichtiges, wenngleich auch problematisches Medium im Wohnwagen. Erstens ist **es in wesentlich geringerer Menge als zu Hause verfügbar.** Sparsamer Umgang mit dem Wasser muss gerade Kindern erst beigebracht werden. Dieser Aspekt hat jedoch auch eine positive Seite: Man wird sich darüber bewusst, dass die grenzenlose Verfügbarkeit von frischem Wasser in beliebiger Menge keine Selbstverständlichkeit ist.

Zweitens muss Wasser immer frisch sein, Tank und Leitungen **keimfrei und sauber.** Im Winter hat man keine Probleme mit Keimen, aber dafür mit eingefrorenen Leitungen. Und drittens muss man das benützte Wasser auch wieder **fachgerecht entsorgen.**

Frischwasser

Frischwasser sollte man alle paar Tage neu zapfen. Auf einem Campingplatz ist das nicht schwer, wenn man allerdings unterwegs ist, sind vertrauensvolle Trinkwasserquellen manchmal selten. Tankstellen und öffentliche Toiletten sind meist eine gute Möglichkeit. Um auch einen größeren Behälter unter

Technik

▶ Klassische Bereitstellung von Frischwasser in einem herausnehmbaren Kanister mit eingehängter Wasserpumpe

einem Waschbeckenhahn auffüllen zu können, bietet sich die Mitnahme eines kurzen Schlauchstücks an, das man über den Wasserhahn stülpt. Hat man im Wohnwagen einen festen Tank, so braucht man zum Transport noch einen separaten Kanister. Einfacher, aber heute immer weniger verbreitet sind tragbare Tankkanister, die direkt unter dem Waschbecken stehen und die man zum Wasserholen direkt nutzen kann.

Grauwasser

Als Grauwasser bezeichnet man **Abwasser aus Küche und Bad** – die Toilette aber ausgenommen! Beim normalen Wohnwagen wird dieses Abwasser direkt über einen Schlauch nach außen unter den Boden entsorgt. Dort kann man einen Eimer oder einen speziellen Abwasserkanister unterstellen. Diese Lösung ist für Campingplätze geeignet, wo es gute Entsorgungsmöglichkeiten gibt. Beim Halt auf einem Parkplatz oder in der Stadt allerdings gibt es im Normalfall keine Möglichkeit, den Abwassereimer vor der Weiterfahrt zu entleeren. Abhilfe kann hier ein kleiner, fest eingebauter Abwassertank verschaffen.

Frischwassersystem sauber halten

*Das größte Risiko einer Verschmutzung und Verkeimung der Wasseranlage besteht in der Zeit, in der das **System nicht genutzt** wird. Hier sollte man den Frischwassertank komplett auffüllen und mit Silberionen keimfrei machen. Wo keine Luft im System ist, kann auch nichts muffeln. Das Wasser ist dann mindestens ein halbes Jahr keimfrei. Diese Methode ist **im Winter** nicht möglich, da sich gefrierendes Wasser ausdehnt – ein Platzen des Tanks, der Leitungen oder der Hähne ist die unangenehme Folge. In diesem Fall das gesamte Wassersystem vor der Winterpause komplett ablassen und nach Möglichkeit mit Luft verbleibende Wasserreste auspusten. Die Hähne offen stehen lassen, ebenso den Tankverschluss. Da man Restwasser in den Leitungen fast nicht vermeiden kann, bietet sich an, mit dem letzten Restwasser ein Keimfreimittel durch die Leitungen zu spülen. Nach der Winterpause sollte man der ersten Wasserfüllung Zitronensaftkonzentrat, Gebissreiniger oder ein Tankreinigungsmittel aus dem Campinghandel beimischen. Wichtig ist dabei, das Mittel durch kurzes Öffnen aller Hähne in sämtliche Leitungen zu bekommen. Das Gemisch einige Stunden einwirken lassen, dann wieder ablassen. Danach frisches Wasser für die Reise einfüllen.*

Schwarzwasser

Als Schwarzwasser oder Fäkalien bezeichnet man das **Abwasser der Toilette.** Dieses darf man nur in speziellen Chemie-Entleerungsstationen oder – wenn man keine chemischen Zusätze verwendet – in der normalen Toilette entleeren. Auf allen Campingplätzen kann man, manchmal gegen eine Gebühr, die Toilette entleeren, ohne dort übernachten zu müssen. In Europa gibt es manchmal auch Entleerungsstellen an Tankstellen, häufiger an

Technik

Wohnmobil-Stellplätzen, bei Carvan-Händlern und vereinzelt auch an touristisch stark frequentierten Parkplätzen.

Die Entleerung in einer öffentlichen Toilette ist nicht anzuraten, da das Entleeren nicht spritzfrei geht und Spülwasser für die Tankspülung fehlt.

Pflege, Abstellen und Einmotten im Winter

Es wird oftmals großes Aufheben um die Pflege und das Einmotten des Wohnwagens über die kalte Jahreszeit gemacht. Man braucht aber nur ein paar Punkte zu berücksichtigen - und es sind im Wesentlichen die gleichen Punkte, die man auch ganz allgemein berücksichtigen sollte -, wenn man den Caravan für längere Zeit abstellt:

- ❏ *Wohnwagen gründlich **von außen waschen,** denn festgefressener Schmutz leistet der Korrosion Vorschub.*
- ❏ ***Caravan innen fegen** und gründlich auswischen.*
- ❏ ***Küchenbereich und Bad** putzen, bis die Kunststoffflächen blitzen.*
- ❏ ***Restwasser** desinfizieren, danach ablassen, **Wasserhähne** ausblasen und, bei Warmwasserhähnen, diese in Mittelstellung offen stehen lassen. Alle Entleerungsventile und Öffnungen geöffnet lassen.*
- ❏ ***Kühlschrank** sauber auswischen und offen stehen lassen.*
- ❏ ***Gas** am Haupthahn an der Flasche abdrehen.*
- ❏ *Bei vorhandener **Batterie** diese noch einmal voll aufladen und dann abklemmen.*
- ❏ *Auf eine gute **Durchlüftung der Polster** achten, sie also ggf. aufstellen oder von den Wänden abrücken. Wandschränke öffnen.*
- ❏ *Für **Durchlüftung** sorgen, ein Fenster oder die Dachluke leicht öffnen.*

*Kein Muss, aber durchaus zu empfehlen ist das **Anheben des Wohnwagens** am Rahmen, um Druckstellen an Reifen und Radlagern zu vermeiden. Wenn das nicht möglich ist, kann man mit erhöhtem Luftdruck der Reifenabplattung entgegenwirken.*

Elektrische Anlage

12-Volt-Anlage

Bei heutigen Neuwagen läuft der Großteil der Geräte mit 12 V. Alle Lampen, die Wasserpumpe und das Heizgebläse funktionieren mit der Autogleichspannung und können daher auch meist über die Autobatterie genutzt werden. Wenn der Wohnwagen an das normale Stromnetz angesteckt ist (z. B. auf dem Campingplatz), sorgt ein **Transformator** für die 12-V-Versorgung.

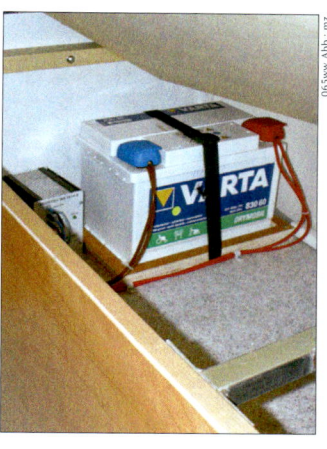

220-Volt-Installation

Bei sehr alten Wohnwagen ist die Elektrik (z. B. Lampen und Umluftgebläse) häufig in 220 V ausgeführt. Die Wohnwagen wurden damals für den Standbetrieb auf dem Campingplatz ausgelegt. Wer also seinen Wohnwagen nicht nur auf Campingplätzen nutzen will, sollte auf fest installierte 12-V-Geräte achten oder sich mit einem zusätzlichen **Wechselrichter** die notwendigen 220 V erzeugen.

▲ *Einfache Autarklösung mit Batterie und Ladegerät*

Technik

Autark campen

*Wer Wohnwagenreisen **abseits von Campingplätzen** macht, muss sich um **fünf Dinge** besonders kümern: **Frischwasser** auffüllen, **Batterie** nachladen, **Gasvorrat** auffüllen, **Grauwasser** und **Schwarzwasser** entsorgen. Je nach Reiseland und Reisezeit kann diese Ressourcenversorgung durchaus aufwendig sein. Der geübte Camper hat einen Blick für Ver- und Entsorgungsmöglichkeiten am Wegesrand und nutzt frühzeitig jede Möglichkeit.*

Wechselrichter

Wechselrichter erzeugen aus 12 Volt 220-Volt-„Steckdosenstrom". Dabei darf man die Leistung betreffend keine Wunder erwarten: Ein 600-Watt-Wechselrichter ist für viele 220-Volt-Anwendungen wie Föhn, Wasserkocher oder Mikrowelle zu schwach. Zudem ist die benötigte maximale Eingangsstromstärke von 60 A bei 12 Volt für viele Batterien schon zu viel. So ein Wechselrichter reicht aber aus, um Handy, Rasierer, Laptop, TV oder die elektrische Zahnbürste mit 220-V-Strom zu versorgen. Wechselrichter ziehen auch ohne angeschlossenen Verbraucher bereits Strom, sodass man sie bei Nichtgebrauch immer ausschalten muss.

Steckverbindung zum Zugwagen

Heute ist eine 13-polige Steckerverbindung gebräuchlich. Sie überträgt neben den Fahrzeuglichtern inkl. Nebelschlussleuchte auch noch Funktionen für den Wohnbereich wie Ladeleitung und Dauerplus nebst separater Masseleitung.

Batterie und Lademöglichkeiten

Bordbatterien müssen – im Gegensatz zu klassischen Autobatterien, die als Starterbatterie für einen kurzen Moment eine hohe Stromstärke liefern müssen – ihren Strom langfristig in geringen Mengen abgeben können. Dazu eigenen sich **Gelbatterien** sehr gut. Diese sind wartungsfrei, gasdicht, kippsicher und haben meist eine längere Lebensdauer als Autobatterien. Die Ladung kann auf verschiedene Arten erfolgen:

- mit einem **220-V-Netzladegerät,** das direkt an das öffentliche Stromnetz angeschlossen ist oder von einem Generator (mobiler Stromerzeuger) gespeist wird,
- mit **12 V direkt vom Auto über die Anhängersteckdose und einen Booster,** der die Spannung

des Autobordnetzes auf die erforderlichen 14,4 V Ladespannung anhebt,

- mit einer **Solaranlage** (s. u.).

Solaranlage auf dem Caravan

Solaranlagen bedeuten ein Stück **verlängerte Unabhängigkeit.** Der erzeugte Strom eines Solarmoduls mit üblicherweise 75 Watt reicht im Sommer aus, um den Strombedarf von Licht, Wasserpumpe und Gebläse zu decken. Sollen Fernseher oder Kompressor-Kühlbox auch mit Sonnenstrom betrieben werden, sollte man die Leistung verdoppeln, also eine 150-Watt-Anlage einbauen.

Für **Wintercamping** ist der Solarstrom **keine brauchbare Alternative,** da das Solarmodul in dieser lichtärmeren Jahreszeit nur einen sehr geringen Beitrag zum Stromverbrauch leisten kann. Außerdem ist der Stromverbrauch in der kalten Jahreszeit wesentlich höher als im Sommer.

Literaturtipp

„Solarstrom im Reisemobil" von Bernd Büttner. Grundlagen, Dimensionierung, Einbau, Büttner Elektronik

Technik

Heizung und Kühlung

Für ein **Wohlfühlklima** sollte sich die Temperatur im Wohnwagen sommers wie winters zwischen 18 und 28 °C bewegen. Unter 18 °C beginnt man bei sitzenden Tätigkeiten bereits zu frieren, über 28 °C bekommt der normale Mitteleuropäer Probleme, entspannt zu schlafen. Nachts darf der Wohnwagen natürlich etwas kälter sein. Wenn man über eine gute Bettdecke verfügt, kann die Temperatur auch auf 10 °C absinken.

Heizung

Eine Heizung ist in nahezu allen Wohnwagen ein **fester Bestandteil** der Grundausstattung. Die Heizleistung beträgt etwa 3000 Watt bei einem Mittel-klasse-Wohnwagen. Bereits bei gemäßigten Temperaturen um 15 °C oder bei hoher Luftfeuchtigkeit ist eine Heizung für das Wohlbefinden im Wohnwagen unerlässlich.

Als Heizung hat sich im Wohnwagen die **Gasheizung** etabliert. Die heißen Abgase eines Gasbrenners werden durch einen großflächigen Wärmetauscher geleitet, der seine Energie entweder direkt an die Wohnwagen-Innenluft abgibt oder indirekt an das Wasser eines Heizkreislaufes. Gas ist im Wohnwagen neben der Heizung zudem mehrfach verwendbar für Kühlschrank, Herd oder Wasserboiler.

Warmluft-Gasheizung

Der Gasbrenner heizt einen Metallblock, der die Hitze **großflächig direkt an die Raumluft** abgibt. Die Vorteile dieses Prinzips sind die einfache Technik, der leise Betrieb und ein Funktionieren ohne Strom. Der große Nachteil ist die nur lokal verfügbare Wärme in direkter Heizungsnähe. Um die Heizung herum erreicht man selbst bei tiefen Minusgraden schnell Temperaturen von 25 °C und mehr, aber die Ecken des Wohnwagens bleiben wesentlich kälter. Die Temperaturunterschiede nehmen bei langer Heizzeit zwar etwas ab, ein gleichmäßiges Wohlfühlklima stellt sich aber nicht recht ein.

Elektrische Zusatzheizung

Ein portabler Heizlüfter oder eine in die Gasheizung integrierte elektrische Heizspirale kann beim Wintercamping eine gute Ergänzung zur Gasheizung darstellen. Den Gasflaschenwechsel kann man so etwas herauszögern, allerdings sind die elektrischen Heizkosten deutlich höher als die Kosten mit Gas. Zudem ist eine sichere und leistungsfähige Stromversorgung Pflicht. So benötigt ein 1500-Watt-Heizlüfter eine 8-A-Versorgung des Stromverteilers.

Warmluft-Gasheizung mit Umluft

Um das Manko der schlechten Luftverteilung bei Warmluft-Gasheizungen zu beheben, kann man mit einem **Ventilator** die warme Luft der Heizung in alle Ecken des Wohnwagens verteilen. Dazu müssen ein Gebläse und Rohrleitungen verbaut sein. Der Vorteil dieser Variante liegt auf der Hand: Die Wärme wird gleichmäßiger im Wohnwagen verteilt. Durch Einleitung der Wärme hinter die Sitze wird ein angenehmes, nahezu zugfreies Klima geschaffen. Es gibt aber auch Nachteile: Das offene Heizungssystem wirbelt Staub auf, benötigt zusätzliche elektrische Energie für den Ventilator und ist dadurch nicht ganz geräuschlos.

Warmwasserheizung

Ähnlich wie die Zentralheizung daheim sind bei dieser Variante im Wohnwagen **kleine Heizkörper** verbaut, durch die heißes Wasser geleitet wird. Diese geben ihre Wärme nahe an den Innenwänden, meist in Sitz- und Stauruhen, ab. Die Erhitzung des Wassers geschieht mit einem Gasbrenner oder mittels einer eingebauten Heizpatrone für 220 V.

Die Möbel müssen bei dieser Variante eine Konvektion – damit ist eine **natürliche Zirkulation von warmer und kalter Luft** gemeint – zulassen. Das Klima ist dann sehr angenehm, zugfrei und die Heizung arbeitet unhörbar im Hintergrund.

Das Warmwassersystem ist teurer und schwerer als eine Luftheizung. Die Wasserheizung benötigt zudem etwas länger als die Luftheizung, um einen kalten Wohnwagen aufzuheizen.

Fußbodenheizung

Diese Heizung wird meist als Ergänzung zu bestehenden Heizungen verbaut. Sie wird im Normalfall elektrisch betrieben und unterbindet die unangenehme Bodenkälte. **Heizmatten** gibt es als Teppichunterlage in 12-V- oder 220-V-Ausführung. Für einen kleinen Heizbereich wie etwa den Fußbereich der Sitzgruppe benötigt man etwa 50 Watt Heizleistung. Mit dieser geringen Heizleistung leistet man keinen signifikanten Beitrag zur Innenraumheizung, aber man kann die Füße auf einen angenehm warmen Boden stellen.

Völlig anders ist das bei **Heizschlaufen der Warmwasserheizung** (s. o.), die neuerdings auch im Wohnwagenboden verlegt werden können. Sie sorgen, ähnlich wie die Fußbodenheizung zu Hause, für eine gleichmäßige Wärmeverteilung.

Klimatisierung

Die Klimaanlage findet immer mehr Verbreitung und für den erholsamen Schlaf im Sommerurlaub im Mittelmeerraum ist sie auch durchaus anzuraten. Wer sich im Hochsommer nicht im Süden aufhält, kann darauf aber verzichten.

Um z. B. den Schlafbereich (ca. 8 Kubikmeter) eines Wohnwagens von 32 °C auf 24 °C abzukühlen, benötigt man etwa 1500 Watt Kälteleistung. Der tatsächliche elektrische Bedarf beträgt etwa die Hälfte, also 700 Watt. Plant man die Anschaffung einer solchen Anlage, sollte man sich zweier Dinge bewusst sein:

● Klimaanlagen mit geringer Leistung produzieren auch immer weniger Kälte. Das obige, realistische Beispiel, die Abkühlung eines kleinen Wohnbereichs um etwa 8 °C, sollte die Mindestanforderung an eine Klimaanlage sein.

● 700 Watt elektrische Leistung, die eine kleine Kompressor-Klimaanlage benötigt, können kaum aus Batteriestrom, geschweige denn aus Solarstrom gewonnen werden. Klimaanlagen benötigen daher immer Anschluss an das Stromnetz oder an einen Generator.

Dachklimaanlage

Kalte Luft sollte von oben in den Wohnraum zugeführt werden – und diese Vorlage erfüllen Dachkli-
maanlagen hervorragend. Auch der Einbau gestaltet sich relativ einfach, da meist nur ein Loch von
40 x 40 cm ausgeschnitten oder ein Standarddach-
fenster ersetzt werden muss, um die Anlage einzu-
bauen.

- **Kompressoranlagen:** Ähnlich wie ein Kühlschrank zu Hause wird über einen Elektromotor
ein Kühlkompressor angetrieben, der ein gasför-
miges Kältemittel verdichtet. Dieses wird nun
flüssig in einen Wärmetauscher im Wohnraum
geleitet, entspannt und verdampft dort. Dabei
entzieht es der Umgebung Wärme und kühlt die
Umluft ab. Da kühle Luft auch weniger Feuchte
aufnehmen kann, wird feuchter Luft gleichzeitig
Wasser entzogen. Ein angenehm empfundener
Effekt bei Hitze.

*▲ Wohnwagen
mit eingebauter
Klimaanlage:
Austrittsöffnungen
und Fernbedie-
nung sind die
einzigen erkenn-
baren Elemente*

Technik

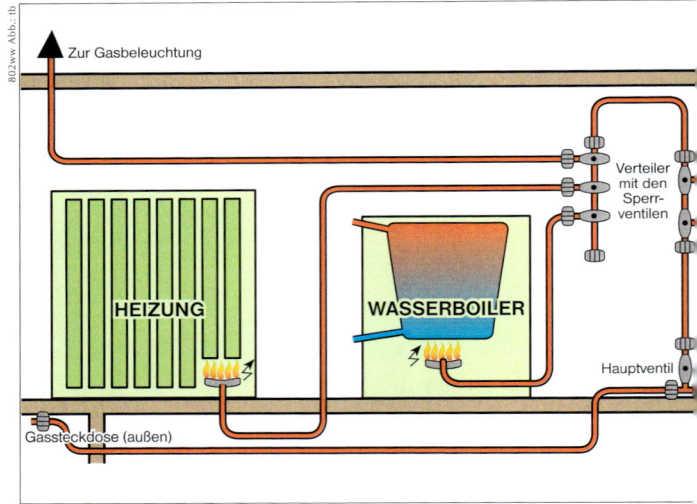

Aufbau der Gasanlage

- **Sonstige Kühlanlagen:** Es gibt verschiedene andere Anlagentypen, die z. B. **durch Befeuchtung Kälte erzeugen,** ähnlich der menschlichen Haut. Die einfachen Anlagen pusten allerdings die etwas abgekühlte, aber sehr feuchte Luft in den Wohnwagen – damit schafft man sich kein angenehmes Raumklima. Bessere Anlagen haben zwei getrennte Kreisläufe und kühlen, ohne die Luftfeuchte zu erhöhen. Das große Manko all dieser alternativen Anlagen ist jedoch die geringe Kälteleistung. Eine gute Beschattung der Fenster und des Daches, also der Schutz vor direkter Sonneneinstrahlung, kann bereits mehr bringen.

Bodenklimaanlage

Bei dieser neueren, modernen Variante der Klimatisierung wird das Hauptgerät, der Kompressor, auf dem Boden des Caravans installiert. Die dort er-

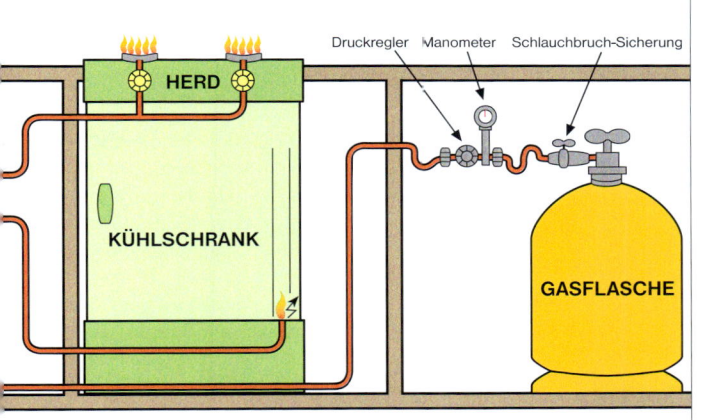

Druckregler   Manometer   Schlauchbruch-Sicherung

HERD

KÜHLSCHRANK

GASFLASCHE

Technik

zeugte Kälte wird entweder direkt in Luftkanälen oder über eine Kältemittelleitung in den Dachbereich geleitet. **Vorteile:** Diese Klimaanlagen arbeiten meist recht leise, die Kaltluft-Auslässe kann man an mehreren Stellen platzieren, der Schwerpunkt des Anhängers bleibt tief und das Dach unangetastet. **Nachteil** dieser eleganten Variante ist die aufwendigere Installation und der Verlust eines Stauraums. Preislich sind Boden- und Dachklimaanlage vergleichbar.

Gasanlage

Gas ist neben Elektrizität die **wichtigste Energiequelle** im Wohnwagen. Ist der Gasverbrauch im Sommer sehr gering, da Herd und Kühlschrank nur geringe Mengen verbrauchen, kann er im Winter stark ansteigen. Bei strengem Frost reicht eine 11-kg-Flasche dann nur etwa drei Tage.

Gasflaschen

Die **klassische Campinggasflasche** ist die 11 kg fassende graue Austauschflasche aus Stahl. Der Inhalt beträgt etwa 20 Liter Gas. Das Leergewicht der Flasche liegt bei 12 kg. Es gibt sie auch in einer kleineren, nur 5 kg fassenden Variante. Leere Stahlflaschen können auf vielen Campingplätzen, bei Baumärkten und Tankstellen gegen aufgefüllte umgetauscht werden. Einmalig zahlt man für die Flasche ca. 40 €, die dann persönliches Eigentum ist.

▼ Vorderer Stauraum: Platz für Gasflaschen, Fahrrad, Grill und weiteres Zubehör

Daneben beginnt sich langsam die **Aluminium-Gasflasche** zu etablieren. Diese ist in der einmaligen Anschaffung mit etwa 100 € deutlich teurer und die Tauschmöglichkeiten sind etwas eingeschränkt, dafür spart man 7 kg Gewicht. Konkurrenz machen ihr die **Kunststoffflaschen,** die ähn-

069ww Abb.: mz

lich leicht sind. Dafür gibt es für Kunststoffflaschen noch weniger Stellen, an denen diese umgetauscht werden können.

Wenn man das Demontieren der leeren Gasflaschen aus dem Wohnwagen und das Montieren der aufgefüllten Flaschen vermeiden will, kann man sich eine **Tankflasche** kaufen.

▲ *Spülmittelwasser ist ein einfaches Hilfsmittel, um Gaslecks zu finden*

Dies bedeutet zwar eine Anschaffung in Höhe von etwa 300 €, die Befüllung kann aber damit an jeder Autogas- bzw. LPG- oder Flüssiggastankstelle selber vorgenommen werden. Preislich spart man bei der Eigenbefüllung gegenüber günstigen Tauschquellen jedoch kaum etwas.

Regler, Leitungen und Ventile

Der hohe Druck der Gasflaschen von 20 Bar wird über einen **Druckregler** auf 30 Millibar (bei älteren Systemen 50 Millibar) abgesenkt. Zusätzlich ist oft eine **Schlauchbruchsicherung** verbaut, die die Gasanlage bei einem größeren Leck (z. B. nach einem Unfall) automatisch absperrt. Jedes Gasgerät verfügt über ein eigenes **Absperrventil**, das meist im Küchenblock sitzt und mit dessen Hilfe jedes einzelne Gasgerät von der Gaszufuhr abgetrennt werden kann. Jeder Gasverbraucher im Wohnwagen verfügt zudem über eine **Zündsicherung,** die verhindert, dass nach einem Erlöschen der Flamme (überkochende Suppe, Windstoß) weiter Gas ausströmt.

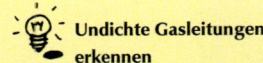 **Undichte Gasleitungen erkennen**

Leckstellen in der Gasleitung erkennt man sehr gut mithilfe von Spülwasser. Dazu löst man einige Tropfen Spülmittel in Wasser auf. Diese Flüssigkeit träufelt man über Verschraubungen, Anschlüsse oder kritische Rohrstücke. Bereits ein kleines Leck erzeugt deutlich erkennbare Gasblasen.

Technik

Zubehör

TV, DVD und Radio

Für **Fernsehempfang** auf Campingplätzen in Zentraleuropa reicht eine einfache Satellitenschüssel mit Receiver, ein Standfuß für die Schüssel und 20 m Kabel. Wer die Ausrichtung komfortabler haben will, nimmt einen Receiver mit eingebautem Satelliten-Finder.

Bequemer ist die **Festinstallation der Antennenanlage.** Das hat allerdings den Nachteil, dass manchmal Bäume oder andere Gebäude das Empfangssignal stören können.

Camper, die mit dem Wohnwagen Urlaub machen, also den Wohnwagen nicht als Zweitwohnsitz benützen, empfehle ich, auf den Fernseher ganz zu verzichten. Den Kindern tut es gut und sie finden nach einer kurzen Entwöhnungszeit schnell genügend Alternativen an der frischen Luft. Es wäre schade um die ungenutzte Chance, etwas Abstand zum Alltag zu gewinnen.

Anders sieht es sicherlich bei Dauercampern oder Rentnern aus, die viel Zeit im Wohnwagen verbringen. In diesem Fall gehört ein Fernseher als Informations- und Unterhaltungsmedium sicherlich dazu.

Diebstahlschutz

Ein Eindringen von Dieben in den Wohnwagen **kann man kaum verhindern.** Wohnwagentür und auch die Fenster lassen sich leicht aufhebeln. Erhöht man den mechanischen Schutz durch Zusatzschlösser, benötigt der Dieb lediglich wenige Sekunden mehr, aber der Einbruchsschaden am Wohnwagen ist dann erstmal deutlich größer. Den besten Schutz für bewegliche Güter wie Bargeld, Fotoausrüstung oder Laptop bietet immer noch der **Autokoffer-raum.** Das höchste Diebstahlrisiko besteht gewöhnlich auf Rastplätzen. Campingplätze sind dagegen relativ sicher. Seine Wertsachen sollte man aber immer gut wegschließen.

Mehr Bedeutung sollte man dem **Diebstahl des gesamten Caravans** widmen. Meist übersteigt der Wert des Wohnwagens den Erststattungswert bei Diebstahl. Individuelle Ausstattung oder ideelle Werte werden nämlich nicht vergütet.

Um den ungewollten Abtransport des Wohnwagens zu erschweren, lässt sich die **Kupplung** durch spezielle Schlösser sichern, sodass der Wohnwagen nicht mehr angekuppelt werden kann. **Parkkrallen** oder eine **Kette um die Reifen** verhindern ein Bewegen des Wohnwagens und zeigen dem potenziellen Dieb, dass er mit deutlich erhöhtem Aufwand rechnen muss.

Elektronische Alarmanlagen gibt es in allen Preisklassen und Qualitäten. Diese stellen eine gute Ergänzung zu mechanischen Systemen dar, sind aber relativ teuer und aufwendig in Anschaffung und Installation.

Technik

071ww Abb.: mz

◀ *Sicherung der Kupplung gegen Öffnen und Abschrauben*

007-ww-Abb.: mz

Anhang

Anhang

Literaturtipps

- **DCC Campingführer Europa 2011. Die schönsten Naturcamps,** 900 Seiten, DCC Wirtschaftsdienst + Verlag. Erscheint jährlich.
- Fritz B. Busch: **Kleine Wohnwagen-Fibel,** 142 Seiten, Dolde Medien Verlag, 2003 (Reprint von 1961). Der Pionier der Gespanntester schreibt von seinen Erfahrungen zu Beginn des Wohnwagenzeitalters. Vieles davon ist heute noch gültig.
- Heinrich Hauser: **Fahrten und Abenteuer im Wohnwagen,** 228 Seiten, Verlag DoldeMedien, 2004 (Reprint von 1935). Eine Reise durch Deutschland mit einem der ersten Wohnwagen überhaupt. Das Buch zeigt Reisefreuden und -schwierigkeiten, die heute noch aktuell sind.
- Rainer Höh: **GPS Outdoor-Navigation,** 296 Seiten, REISE KNOW-HOW Verlag, 2009
- Hans F. Schwarz, Claus-Detlev Bues, Siegfried Semper: **Das Große Caravan-Handbuch. Technik – Fahren – Selbermachen,** 417 Seiten, Motorbuch Verlag Stuttgart, 2008
- Rainer Höh: **Wohnmobil-Handbuch,** 276 Seiten, REISE KNOW-HOW Verlag, 2011. Alle Fragen von Anschaffung und Ausstattung über Erweiterungsmöglichkeiten bis zu Reisetipps für unterwegs.

Nützliche Internetadressen

- **www.wohnwagen-forum.de**
  Breit aufgestelltes, viel genutztes Forum rund um den Wohnwagen.
- **www.wohnwagenforum24.de**
  Themen, Technik und schöne Campingplätze
- **www.campen.de**
  Großes Wohnwagen-Internetforum mit vielen Beiträgen und umfangreichem Archiv

- **www.camperfriends.com**
  Kleineres Camping-Internetforum mit Spezialisierung auf Wohnwagen.
- **www.campingforen.de**
  Infos zu Wohnwagen, Wohnmobil und Zelten.
- **www.camping-club.de**
  Die Seite des deutschen Campingclubs.
- **www.campingforum.at**
  Umfangreiches Campingforum aus Österreich.
- **www.wohnmobilforum.de**
  Umfangreiches Forum für Wohnmobile und Wohnwagen.
- **www.motor-talk.de**
  Es gibt auf dieser Seite ein umfangreiches Wohnmobil-Forum, das jedoch auch Wohnwagenthemen beinhaltet.
- **www.womoverlag.de**
  Umfangreiches Forum insbesondere für Reisethemen.

Messen und Ausstellungen

- **CMT – Die Urlaubsmesse,** Stuttgart, immer im Januar, www.messe-stuttgart.de/cmt. Wichtige Messe für Caravans und Wohnmobile.
- **f.re.e – Die Reise- und Freizeitmesse,** München, immer im Februar, www.free-muenchen.de. Freizeit- und Reiseausstellung, ehemals C-B-R.
- **Caravan Salon,** Düsseldorf, Ende August, www.messe-duesseldorf.de/caravan. Wichtigste und größte Messe für Caravans und Wohnmobile.
- **Caravan Salon Austria,** Wels, immer im Oktober, www.caravan-wels.at. Wichtige Caravan-Messe in Österreich.
- **Swiss Caravan Salon,** Bern, immer im Oktober, www.caravansalon.ch. Traditionelle und wichtige Wohnwagen-Messe in der Schweiz.

Anhang

Wohnwagenhersteller

- **www.3dogcamping.de**
  Deutscher Hersteller von Faltcaravans mit australischem Einfluss.
- **www.adria-mobil.com**
  Großer klassischer Wohnwagenhersteller aus Slowenien
- **www.airstream-germany.de**
  Zeitlose, hochwertige Aluminium-Wohnwagen aus Amerika, dem europäischen Markt speziell angepasst.
- **www.bimobil.com**
  Kleiner, individueller Hersteller von Wohnwagen, Reisemobilen und Pick-up-Aufbauten.
- **www.buerstner.de**
  Solide und bezahlbare Wohnwagen mit oftmals frischem Innendesign.
- **www.cabby.se/en**
  Schwedischer Hersteller von Wohnwagen mit innovativen Ideen und Grundrissen.
- **www.carado.de**
  Preisgünstige Wohnwagen der Marken Hymer und Dethleffs.
- **www.dethleffs.de**
  Traditionsreicher deutscher Hersteller mit vielen innovativen Ideen.
- **www.fendt-caravan.de**
  Hochwertige Wohnwagen in traditioneller Bauweise.
- **www.hobby-caravan.de**
  Marktführer im Wohnwagenbereich mit gut ausgestatteten und preisgünstigen Caravans.
- **www.holtkamper.de**
  Niederländischer Hersteller von Faltcaravans.
- **www.hymer.com/de**
  Eriba heißen die Wohnwagen von Hymer. Große Modellauswahl in stabiler PUAL-Bauweise.

- **www.kabe.se/de**
  Winterfeste, teure Wohnwagen aus Schweden.
- **www.kip-caravans.nl**
  Niederländische Wohnwagen mit eleganter Linie, in Deutschland wenig verbreitet.
- **www.knaus.de**
  Traditioneller Wohnwagenhersteller mit einer großen Vielfalt an Typen.
- **www.LMC-caravan.com**
  Kleinerer Wohnwagenhersteller aus der Hymer-Gruppe mit besonderen Details.
- **www.niewiadow.pl**
  Günstige polnische Kleinwohnwagen.
- **www.polarvagnen.se**
  Schwedischer Hersteller von hochwertigen Wohnwagen.
- **www.solifer.com**
  Solifer baut wintertaugliche Wohnwagen in Lappland mit besonderem Außendesign.
- **www.sterckeman.tm.fr**
  Günstige Wohnwagen aus Frankreich.
- **www.swiftleisure.co.uk/Caravans/Swift**
  Englischer Hersteller von Wohnwagen.
- **www.tab-out-of-line.de**
  Tab, kleiner Retro-Wohnwagen von Tabbert.
- **www.tabbert.de**
  Früher der Mercedes unter den Wohnwagenherstellern, heute Hersteller moderner Mittelklassewohnwagen.
- **www.tec-caravan.de**
  TEC ist ein kleiner Wohnwagenhersteller aus Deutschland unter dem Dach von Hymer.
- **www.wilk.de**
  Kleiner Wohnwagenhersteller aus der Knaus-Tabbert-Gruppe.
- **www.ysin.de**
  Moderne, innovative Zeltwohnwagen mit interessanter Campingphilosophie.

Anhang

Zubehörhändler

- **www.reimo.de**
  Reisemobilhersteller, Groß- und Einzelhändler mit großem Zubehörprogramm.
- **www.fritz-berger.de**
  Groß- und Einzelhändler mit zahlreichen Geschäften und Versandhandel.
- **www.freizeitwelt.de**
  Versandhändler mit großem Zubehörprogramm.
- **www.movera.de**
  Informative Internetseite des Großhändlers, der aber nicht direkt an Endkunden verkauft.

Anhang

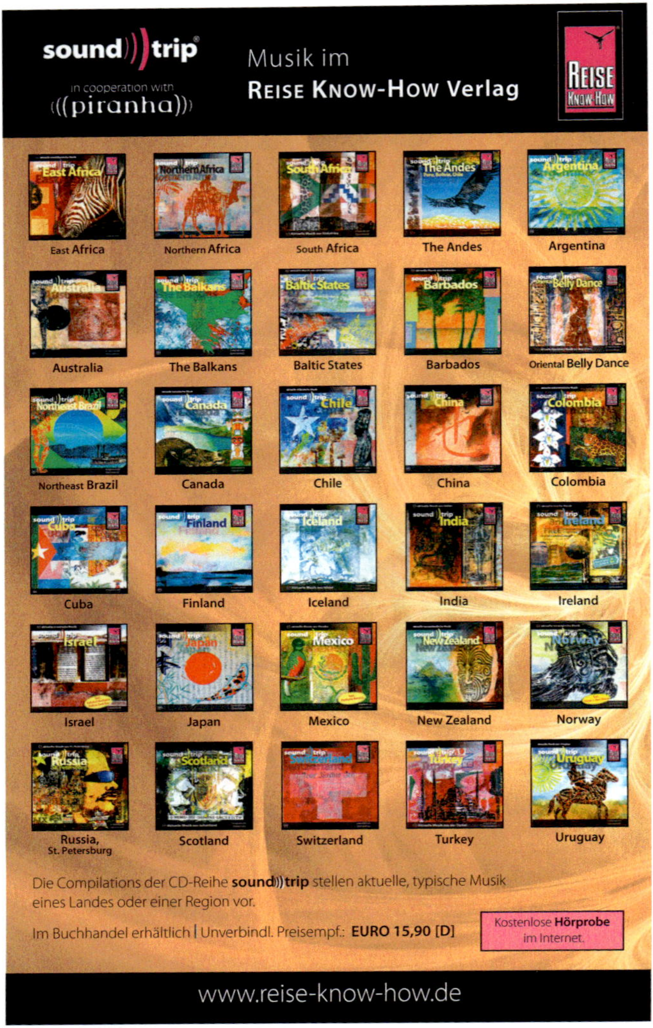
sound))) trip®
in cooperation with
(((piranha)))
Musik im
REISE KNOW-HOW Verlag
REISE KNOW-HOW
East Africa
Northern Africa
South Africa
The Andes
Argentina
Australia
The Balkans
Baltic States
Barbados
Oriental Belly Dance
Northeast Brazil
Canada
Chile
China
Colombia
Cuba
Finland
Iceland
India
Ireland
Israel
Japan
Mexico
New Zealand
Norway
Russia, St. Petersburg
Scotland
Switzerland
Turkey
Uruguay
Die Compilations der CD-Reihe sound)))trip stellen aktuelle, typische Musik eines Landes oder einer Region vor.
Im Buchhandel erhältlich | Unverbindl. Preisempf.: EURO 15,90 [D]
Kostenlose Hörprobe im Internet.
www.reise-know-how.de

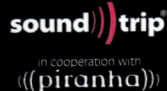

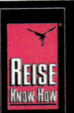

Anhang

Register

Anhang

REGISTER, BILDNACHWEIS

Anhang

Bildnachweis

Die Kürzel an den Abbildungen stehen für folgende Personen, Firmen und Einrichtungen. Wir bedanken uns für ihre freundliche Abdruckgenehmigung.

as   *Airstream Germany (www.airstream-germany.de)*
dt   *Dethleffs Pressebereich (www.dethleffs.de)*
hy   *Hymer (www.hymer.com)*
mr   *Manfred Rupp*
mz   *Martin Zimmer (Autor)*
pk   *Knaus Pressebereich (www.knaus-tabbert-group.de)*
tb   *Thomas Buri*

Der Autor

072ww Abb.: mz

Dr. Martin Zimmer, 1969 geboren, ist seit seiner Kindheit im Urlaub auf Europas Zeltplätzen zu Hause. Im Alter von etwa 10 Jahren fuhr er mit seinen Eltern und zwei Geschwistern im umgebauten Kiesanhänger an die Nordsee. Eine Plane schützte gegen Regen, Schaumstoffmatratzen dienten zum Schlafen und Sitzen – allerdings nur für die Kinder. Die Eltern schliefen im Auto und mussten zum Essen und Kochen draußen sitzen. Danach kaufte sich die Familie einen kleinen Wohnwagen, der nun über Sitz- und Schlafplätze für alle verfügte.

Fortgesetzt wurde das Campingleben einige Jahre später mit zahlreichen Motorrad-Zelturlauben. Eine Beschränkung auf die wichtigsten Dinge war notwendig, das Urlaubserlebnis hat dadurch jedoch nicht gelitten, im Gegenteil.

Mit den eigenen Kindern war diese Urlaubsform dann aber nicht mehr möglich. Ein geliehener Wohnwagen brachte schnell wieder die Begeisterung für Caravan-Urlaube zurück. Noch mit Geschirr und Schlafsäcken der alten Zeltausrüstung ging es auf hoch gelegene Campingplätze in der Schweiz. Der eigene Wohnwagen folgte kurz danach, zahlreiche Umbauten, Anpassungen und Ergänzungen wurden vorgenommen. Die Familie hat bereits mehr als ein Dreivierteljahr in dem Caravan zugebracht und das in so unwirtlichen Gegenden wie z. B. auf dem Nordkap – im Winter!

Der Wohnwagen ist für den Autor und seine Familie Alltagsfluchtmöglichkeit, Kinderspielplatz, Basislager, Urlaubsdomizil und Anziehungspunkt für Freunde und Verwandte in einem. Beruflich ist der Autor in der Elektronikentwicklung im Automobilbereich tätig und genießt die einfache und überschaubare Technik seines Wohnwagens im Urlaub.